安全与应急科普丛书

农民工安全与应急知识

"安全与应急科普丛书"编委会　编

中国劳动社会保障出版社

图书在版编目(CIP)数据

农民工安全与应急知识/“安全与应急科普丛书”编委会编. -- 北京：中国劳动社会保障出版社，2022

(安全与应急科普丛书)

ISBN 978-7-5167-5283-8

Ⅰ.①农… Ⅱ.①安… Ⅲ.①民工-安全生产-基本知识 Ⅳ.①X925

中国版本图书馆 CIP 数据核字(2022)第 033398 号

中国劳动社会保障出版社出版发行

(北京市惠新东街 1 号 邮政编码：100029)

*

北京市科星印刷有限责任公司印刷装订 新华书店经销

880 毫米×1230 毫米 32 开本 4.75 印张 97 千字

2022 年 3 月第 1 版 2025 年 12 月第 6 次印刷

定价：15.00 元

营销中心电话：400-606-6496

出版社网址：http://www.class.com.cn

“安全与应急科普丛书”编委会

主　　任：佟瑞鹏

委　　员：尘兴邦　王　乾　王宇昊　董秉聿
袁嘉淙　胡向阳　王冬冬　王　彪
李　铭　王登辉　李宝昌　姚泽旭
高　宁　刘　晓　刘　娇　王小龙
杨校毅　杨雪松　范冰倩　张　燕
周晓凤　孙　浩　张渤苓　王露露
王乐瑶　张东许　王一然　曹兰欣
赵　旭　郭子萌　李子琪　王　祎
宫世吉　孙宁昊　姚健庭　王思夏
刘兰亭　雷达晨　张姜博南

本书主编：胡向阳

副 主 编：周晓凤　雷达晨

内 容 简 介

在各行各业生产劳动过程中，安全是至关重要的，是一切生产能够顺利开展的前提保障。农民工作为我国工业化、城镇化、现代化建设进程中的一支重要力量，在生产经营活动中群体数量庞大，分布的行业领域广，因此属于生产安全事故多发职业群体之一。

本书紧扣安全生产、职业病防治、应急管理、工伤保险等法律法规，详细介绍了农民工在生产劳动过程中应该了解的安全与应急基础知识。本书内容主要包括安全生产与应急法律法规常识、生产安全事故风险识别、生产安全事故预防、生产安全事故应急处置、建筑行业常见事故预防与应急处置、矿山行业常见事故预防与应急处置、化工行业常见事故预防与应急处置、农民工心理健康防护和职业健康危害防护等知识。

本书内容丰富，普及的知识典型性、通用性强，可作为安全生产、工伤预防行业管理部门和用人单位开展农民工安全与应急知识科普工作参考读物，也可作为广大农民工增强安全与应急意识、提高安全与应急素质的普及性学习读物。

目　录

第 1 章　安全生产与应急法律法规常识

第 2 章　生产安全事故风险识别

第 3 章　生产安全事故预防

第 4 章　生产安全事故应急处置

第 5 章　建筑行业常见事故预防与应急处置

第 6 章　矿山行业常见事故预防与应急处置

第 7 章　化工行业常见事故预防与应急处置

第 8 章　农民工心理健康防护

第 9 章　职业健康危害防护

第1章

安全生产与应急法律法规常识

1. 安全生产与应急相关法律法规

（1）安全生产法律法规体系

据统计，目前全国人民代表大会及其常务委员会、国务院及其相关主管部门已经颁布实施并仍然有效的有关安全生产主要法律法规有160余部。安全生产法律法规体系是一个包含多种法律形式和法律层次的综合性系统，从法律规范的形式和特点来看，既包括作为整个安全生产法律法规基础的宪法规范，也包括行政性法律规范、技术性法律规范、程序性法律规范。按法律地位及效力同等原则，安全生产法律法规体系分为六大门类。

1）宪法

《中华人民共和国宪法》是我国法律法规体系框架中的最高层级，“加强劳动保护，改善劳动条件”是安全生产方面具有最高法律效力的规定。

2）安全生产方面的法律

①基础法。我国有关安全生产的法律包括《中华人民共和国安全生产法》（以下简称《安全生产法》）和与它平行的专门法律和相关法律。《安全生产法》是综合规范安全生产法律制度的法律，它适用于我国领域内所有生产经营单位，是安全生产法律法规体系的核心。

②专门法律。安全生产专门法律是规范某一专业领域安全生产法律制度的法律。我国在专业领域的安全生产法律有《中华人民共和国矿山安全法》《中华人民共和国海上交通安

全法》《中华人民共和国消防法》《中华人民共和国道路交通安全法》等。

③相关法律。与安全生产相关的法律是指专门法律以外的其他涉及安全生产内容的法律，如《中华人民共和国劳动法》《中华人民共和国建筑法》《中华人民共和国煤炭法》《中华人民共和国铁路法》《中华人民共和国全民所有制工业企业法》《中华人民共和国乡镇企业法》《中华人民共和国矿产资源法》等，还有一些与安全生产监督执法工作相关的法律，如《中华人民共和国刑法》《中华人民共和国刑事诉讼法》《中华人民共和国行政处罚法》《中华人民共和国行政复议法》《中华人民共和国国家赔偿法》和《中华人民共和国标准化法》等。

3）安全生产行政法规

安全生产行政法规是由国务院组织制定并批准公布的，是为实施安全生产法律或规范安全生产监督管理制度而制定并颁布的一系列具体规定，是实施安全生产监督管理和监察工作的重要依据。我国已颁布了多部安全生产行政法规，如《国务院关于特大安全事故行政责任追究的规定》《生产安全事故应急条例》等。

4）地方性安全生产法规

地方性安全生产法规是指由有立法权的地方权力机关，即地方人民代表大会及其常务委员会制定的安全生产规范性文件。地方性安全生产法规是由法律授权制定的，是对国家安全生产法律法规的补充和完善，以解决本地区某一特定的安全生产问题为目标，具有较强的针对性和可操作性。如目前我国多数省、自治区、直辖市人民代表大会及其常务委员会制定了安全生产条例、劳动安全卫生条例、矿山安全法的实施办法等。

5）部门安全生产规章、地方政府安全生产规章

根据《中华人民共和国立法法》规定，部门规章之间、部门规章与地方政府规章之间具有同等效力，并在各自的权限范围内施行。

国务院部门安全生产规章由有关部门为加强安全生产工作而颁布的规范性文件组成，从部门角度可划分为交通运输业、化学工业、石油工业、机械工业、电子工业、冶金工业、电力工业、建筑业、建材工业、航空航天业、船舶工业、轻纺工业、煤炭工业、地质勘探业、农村和乡镇工业等，从专业角度可划分为技术装备与统计工作、安全评价与竣工验收、劳动防护用品、培训教育、事故调查与处理、职业卫生、特种设备、防火防爆以及其他专业。部门安全生产规章作为安全生产法律法规的重要补充，在我国安全生产监督管理工作中起着十分重要的作用。

地方政府安全生产规章一方面从属于法律和行政法规，另一方面又从属于地方性法规，并且不能与它们相抵触。

6）安全生产标准

安全生产标准是安全生产法律法规体系中的一个重要组成部分，也是安全生产监督管理和监察工作的重要依据。安全生产标准大致分为设计规范类，安全生产设备、工具类，生产工艺安全卫生类，劳动防护用品类四类标准。

（2）应急相关法律法规

《中华人民共和国突发事件应对法》（以下简称《突发事件应对法》）是调整非常态下的国家权力和公民权利基本关系的法律，同时又是统率其他应对突发事件法律的基本法，其

目的是预防和减少突发事件的发生，控制、减轻和消除突发事件引起的严重社会危害，规范突发事件应对活动，保护人民生命财产安全，维护国家安全、公共安全、环境安全和社会秩序。根据《突发事件应对法》的规定，突发事件分为自然灾害、事故灾难、公共卫生事件和社会安全事件。

1）自然灾害类法律法规

主要法律有《中华人民共和国防震减灾法》《中华人民共和国水法》《中华人民共和国森林法》等；主要法规有《地质灾害防治条例》《中华人民共和国防汛条例》《森林病虫害防治条例》《森林防火条例》等其他自然灾害相关法规。

2）事故灾难类法律法规

主要法律有《中华人民共和国安全生产法》《中华人民共和国建筑法》《中华人民共和国消防法》《中华人民共和国海上交通安全法》《中华人民共和国环境保护法》《中华人民共和国环境噪声污染防治法》《中华人民共和国大气污染防治法》《中华人民共和国水污染防治法》《中华人民共和国放射性污染防治法》《中华人民共和国海洋环境保护法》等；主要法规有《生产安全事故应急条例》《生产安全事故报告和调查处理条例》《中华人民共和国矿山安全法实施条例》《煤矿安全监察条例》《国务院关于特大安全事故行政责任追究的规定》《工伤保险条例》《中华人民共和国道路运输条例》《建设工程安全生产管理条例》《危险化学品安全管理条例》等其他事故灾难相关法规。

3）公共卫生类法律法规

主要法律有《中华人民共和国食品安全法》《中华人民共和国动物防疫法》《中华人民共和国传染病防治法》《中华人

民共和国进出境动植物检疫法》《中华人民共和国国境卫生检疫法》等；主要法规有《重大动物疫情应急条例》《中华人民共和国传染病防治法实施办法》《突发公共卫生事件应急条例》《植物检疫条例》等其他公共卫生相关法规。

4）社会安全类法律法规

主要法律有《中华人民共和国民族区域自治法》《中华人民共和国监狱法》《中华人民共和国保险法》《中华人民共和国集会游行示威法》《中华人民共和国野生动物保护法》《中华人民共和国中国人民银行法》《中华人民共和国证券法》《中华人民共和国领海及毗连区法》等；主要法规有《信访条例》《民用爆炸物品安全管理条例》《中华人民共和国民用航空安全保卫条例》《农药管理条例》《兽药管理条例》《中华人民共和国水生野生动物保护实施条例》等其他社会安全相关法规。

2. 农民工劳动安全健康权利

在安全生产工作中，农民工往往认为自己在劳动权利方面是被动的、无力的。而现实是，农民工作为从业人员，在从事生产劳动过程中享有的安全健康权利是具体的，由法律条文明确规定的，而不是抽象的和被动的。从业人员的劳动安全健康权利具体可分为以下 8 个方面：

（1）知情权

《安全生产法》规定，生产经营单位的从业人员有权了解其作业场所和工作岗位存在的危险因素、防范措施及事故应急措施，有权对本单位的安全生产工作提出建议。

《生产安全事故应急条例》规定，生产经营单位应当针对本单位可能发生的生产安全事故的特点和危害，进行风险辨识和评估，制定相应的生产安全事故应急救援预案，并向本单位从业人员公布。

从业人员有了解其作业场所和工作岗位存在的危险、有害因素，防范措施和事故应急措施的权利。知情权保障从业人员知晓并掌握有关安全生产知识和处理方法，能有效地消除和减少由于人的因素而产生的不安全因素，从而避免、减少人员伤亡。

(2) 建议权

从业人员有权对本单位的安全生产工作提出建议；职工可以通过各种方式，对生产经营单位的安全生产规划、管理制度、管理办法、安全技术措施和规章的制定等提出建议。

(3) 批评、检举和控告权

从业人员有权对本单位安全生产工作中存在的问题提出批评、检举和控告。生产经营单位不提供法律规定的劳动条件，违章指挥、强令冒险作业，是发生伤亡事故的重要原因之一。赋予从业人员批评权、检举权和控告权，可有效发挥群众的监督作用。

(4) 拒绝权

从业人员有权拒绝违章指挥和强令冒险作业。违章指挥和强令冒险作业极大地威胁从业人员的生命安全和身体健康，法律赋予从业人员这项权利，使其能与生产经营单位的违法行为进行斗争，保护自身生命安全。生产经营单位不得因从业人员拒绝违章指挥、强令冒险作业而降低其工资、福利等待遇或者解除与其订立的劳动合同，不得以此为由给予其处分，更不得将其开除。

（5）劳动保护条件保障权

从业人员有获得劳动保护条件的权利，有获得符合国家标准或者行业标准的劳动防护用品的权利，有获得定期健康检查的权利等。

（6）接受安全教育权

从业人员有获得本职工作所需的安全生产知识、安全生产教育和培训的权利。该项权利能使从业人员提高安全生产技能，增强事故防范及应急自救、互救和处理能力。

（7）紧急避险权

从业人员发现直接危及人身安全的紧急情况时，有权停止作业或者在采取可能的应急措施后撤离危险场所。生产经营单位不得因从业人员在紧急情况下停止作业或者采取紧急撤离措施而给予其任何处分，也不得降低其工资、福利待遇或者解除与其订立的劳动合同。

（8）享受工伤保险和伤亡赔偿权

从业人员因生产安全事故受到损害时，除依法享受工伤保险待遇外，依照有关民事法律尚有获得赔偿权利的，有提出赔偿要求的权利。

3. 农民工劳动安全健康义务

（1）遵守规章，服从管理

《安全生产法》规定，从业人员在作业过程中，应当严格落实岗位安全责任，遵守本单位的安全生产规章制度和操作规程，服从管理，正确佩戴和使用劳动防护用品。

根据《安全生产法》和其他有关法律、法规和规章的规定，生产经营单位必须制定本单位安全生产的规章制度和操作规程，从业人员必须严格依照这些规章制度和操作规程进行生产经营作业。单位的负责人和管理人员有权依照规章制度和操作规程进行安全管理，监督检查从业人员遵章守规的情况。生产经营单位的从业人员不落实岗位安全责任，不服从管理，违反安全生产规章制度或者操作规程的，由生产经营单位给予批评教育，依照有关规章制度给予处分；构成犯罪的，依照刑法有关规定追究刑事责任。

规章制度是保证生产经营单位安全生产的重要措施，是对多种事故教训的总结，为了避免生产事故，从业人员必须严格遵守规章制度，切不可大意，更不能漠视。

（2）佩戴和使用劳动防护用品

为保障从业人员人身安全，用人单位必须为从业人员提供必要的、合格的劳动防护用品，以避免或者减轻在作业和事故中的伤害。实践中，由于部分从业人员缺乏安全知识，安全意识淡薄，往往不按规定佩戴或者不能正确佩戴和使用劳动防护用品，由此引发人员伤亡事故，造成不必要的损失。正确佩戴和使用劳动防护用品是从业人员必须履行的法定义务，其目的是保障从业人员人身安全并满足生产经营单位安全生产的需要。

（3）接受培训并掌握安全生产技能

《安全生产法》规定，从业人员应当接受安全生产教育和培训，掌握本职工作所需的安全生产知识，提高安全生产技能，增强事故预防和应急处理的能力。

不同生产经营单位、不同工作岗位和不同的生产设施、设备具有不同的安全技术特性和要求。随着高新生产技术装备的大量使用，生产经营单位对从业人员的安全素质要求越来越高。从业人员的安全生产意识和安全技能，直接关系生产活动的安全可靠性。尤其是从事特种作业或特种设备作业的人员，他们的作业对操作者本人、他人和周围设备的安全存有重大危害因素，如起重机司机、电工、焊工、厂内机动车辆驾驶人员等，必须经过特种作业或特种设备作业人员安全技术培训，考试合格后持证上岗。

（4）及时报告事故隐患

《安全生产法》规定，从业人员发现事故隐患或者其他不安全因素，应当立即向现场安全生产管理人员或者本单位负责人报告；接到报告的人员应当及时予以处理。

从业人员直接进行生产作业，他们是事故隐患和不安全因素的第一当事人。许多生产安全事故都是由于从业人员在作业现场发现事故隐患和不安全因素而没有及时报告，以致延误了采取措施进行紧急处理的时机，从而发生重大、特大事故。如果从业人员尽职尽责，及时发现并报告事故隐患和不安全因素，许多事故就能够得到有效处理，完全可以避免事故发生和降低事故损失。所以，发现事故隐患并及时报告是贯彻预防为主、加强事前防范的重要措施。

（5）参与突发事故现场处理

《突发事件应对法》规定，公民、法人和其他组织有义务参与突发事件应对工作；自然灾害、事故灾难或者公共卫生事件发生后，履行统一领导职责的人民政府可以组织公民参加应急救援和处置工作，要求具有特定专长的人员提供服务。

农民工作为安全生产一线的从业人员，既是事故的主要承受者，也是事故发生后的第一响应人。自突发事故发生后到专业救援人员赶到现场前的这段时间，往往是救援的最佳时机，因此施工现场职工在参与突发事故处理的时机方面有先天优势。这就要求生产一线的从业人员掌握最基本的事故处理知识和技能。

4. 女职工与未成年工的劳动保护

（1）女职工特殊劳动保护

《女职工劳动保护特别规定》对女职工的特殊劳动保护作

了以下要求：

1）用人单位应当加强女职工劳动保护，采取措施改善女职工劳动安全卫生条件，对女职工进行劳动安全卫生知识培训；用人单位应当遵守女职工禁忌从事的劳动范围的规定。用人单位应当将本单位属于女职工禁忌从事的劳动范围的岗位书面告知女职工；用人单位不得因女职工怀孕、生育、哺乳降低其工资、予以辞退、与其解除劳动或者聘用合同。

2）女职工在孕期不能适应原劳动的，用人单位应当根据医疗机构的证明，予以减轻劳动量或者安排其他能够适应的劳动；对怀孕7个月以上的女职工，用人单位不得延长劳动时间或者安排夜班劳动，并应当在劳动时间内安排一定的休息时间；怀孕女职工在劳动时间内进行产前检查，所需时间计入劳动时间。

3）女职工生育享受98天产假，其中产前可以休假15天；难产的，增加产假15天；生育多胞胎的，每多生育1个婴儿，增加产假15天。女职工怀孕未满4个月流产的，享受15天产假；怀孕满4个月流产的，享受42天产假。

4）女职工产假期间的生育津贴，对已经参加生育保险的，按照用人单位上年度职工月平均工资的标准由生育保险基金支付；对未参加生育保险的，按照女职工产假前工资的标准由用人单位支付；女职工生育或者流产的医疗费用，按照生育保险规定的项目和标准，对已经参加生育保险的，由生育保险基金支付；对未参加生育保险的，由用人单位支付。

5）对哺乳未满1周岁婴儿的女职工，用人单位不得延长劳动时间或者安排夜班劳动；用人单位应当在每天的劳动时间内为哺乳期女职工安排1小时哺乳时间；女职工生育多胞胎的，每多哺乳 1 个婴儿每天增加 1 小时哺乳时间；女职工比较多的用人单位应当根据女职工的需要，建立女职工卫生室、孕妇休息室、哺乳室等设施，妥善解决女职工在生理卫生和哺乳方面的困难。

6）在劳动场所，用人单位应当预防和制止对女职工的性骚扰。

用人单位违反有关规定，侵害女职工合法权益的，女职工可以依法投诉、举报、申诉，依法向劳动人事争议调解仲裁机构申请调解仲裁，对仲裁裁决不服的，依法向人民法院提起诉讼。

(2）未成年工劳动保护

根据《中华人民共和国劳动法》（以下简称《劳动法》）规定，未成年工是指年满十六周岁未满十八周岁的劳动者。未成年工正处于生长发育期，身体机能尚未健全，缺乏生产知识和生产技能，过重的紧张劳动、不良的工作环境以及不适的劳动工种或岗位，都会对他们的身体发育机制产生影响。未成年工的特殊保护是针对未成年工正处于生长发育期的特点，以及接受义务教育的需要，采取的特殊劳动保护措施。

未成年工是我国社会主义建设的后备军，为了保证他们具有良好的身体素质和业务素质，要对其进行特殊保护，除了不安排法规禁止从事的劳动外，还要对其休息时间和职业培训时间给予保证。

《劳动法》第六十四条规定，不得安排未成年工从事矿山井下、有毒有害、国家规定的第四级体力劳动强度的劳动和其他禁忌从事的劳动。

《中华人民共和国未成年人保护法》第六十一条规定，任何组织或者个人不得招用未满十六周岁未成年人，国家另有规定的除外。招用已满十六周岁未成年人的单位和个人应当执行国家在工种、劳动时间、劳动强度和保护措施等方面的规定，不得安排其从事过重、有毒、有害等危害未成年人身心健康的劳动或者危险作业。

此外，《未成年工特殊保护规定》对用人单位不得安排未成年工从事的劳动范围也作了具体规定。

5. 工伤预防法律保障

工伤预防是建立健全工伤预防、工伤补偿和工伤康复三位一体工伤保险制度的重要内容，是指事先防范职业伤亡事故以及职业病的发生，减少事故及职业病的隐患，改善和创造有利于健康的、安全的生产环境和工作条件，保护从业人员生产、工作环境中的安全和健康。职工及其用人单位在生产过程中，必须严格遵守安全生产操作规范等安全生产规定，把减少事故伤害和职业病危害作为工伤预防的根本出发点和落脚点。

《安全生产法》规定，生产经营单位必须遵守本法和其他有关安全生产的法律、法规，加强安全生产管理，建立健全全员安全生产责任制和安全生产规章制度，加大对安全生产资金、物资、技术、人员的投入保障力度，改善安全生产条件，加强安全生产标准化、信息化建设，构建安全风险分级管控和隐患排查治理双重预防机制，健全风险防范化解机制，提高安全生产水平，确保安全生产。从业人员在作业过程中，应当严格落实岗位安全责任，遵守本单位的安全生产规章制度和操作规程，服从管理，正确佩戴和使用劳动防护用品。从业人员应当接受安全生产教育和培训，掌握本职工作所需的安全生产知识，提高安全生产技能，增强事故预防和应急处理能力。从业人员发现事故隐患或者其他不安全因素，应当立即向现场安全生产管理人员或者本单位负责人报告；接到报告的人员应当及时予以处理。

《生产安全事故应急条例》规定，生产经营单位未对应急救援器材、设备和物资进行经常性维护、保养，导致发生严重生产安全事故或者生产安全事故危害扩大，或者在本单位发生生产安全事故后未立即采取相应的应急救援措施，造成严重后果的，由县级以上人民政府负有安全生产监督管理职责的部门依照《突发事件应对法》有关规定追究法律责任。

6. 工伤保险法律条款

工伤保险是社会保险的一个重要组成部分，它通过社会统筹建立工伤保险基金，对保险范围内的职工因在生产经营活动中所发生的或在规定的某些情况下遭受意外伤害、职业病以及因这两种情况造成劳动者死亡或暂时或永久丧失劳动能力时，职工或其近亲属能够从国家、社会得到必要的物质补偿，以保障职工或其近亲属的基本生活，以及为受工伤的职工提供必要的医疗救治和康复服务。

(1) 工伤认定原则

工伤亦称“职业伤害”，是指因工作引起并在工作过程中发生的事故伤害和职业病危害。《工伤保险条例》对工伤的认定作了明确规定。

1）职工有下列情形之一的，应当认定为工伤

①在工作时间和工作场所内，因工作原因受到事故伤害的。

②工作时间前后在工作场所内，从事与工作有关的预备性或者收尾性工作受到事故伤害的。

③在工作时间和工作场所内，因履行工作职责受到暴力等意外伤害的。

④患职业病的。

⑤因工外出期间，由于工作原因受到伤害或者发生事故下落不明的。

⑥在上下班途中，受到非本人主要责任的交通事故或者城市轨道交通、客运轮渡、火车事故伤害的。

⑦法律、行政法规规定应当认定为工伤的其他情形。

2）职工有下列情形之一的，视同工伤

①在工作时间和工作岗位，突发疾病死亡或者在 48 小时之内经抢救无效死亡的。

②在抢险救灾等维护国家利益、公共利益活动中受到伤害的。

③职工原在军队服役，因战、因公负伤致残，已取得革命伤残军人证，到用人单位后旧伤复发的。

职工有上述第①项、第②项情形的，按照《工伤保险条

例》有关规定享受工伤保险待遇；职工有上述第③项情形的，按照《工伤保险条例》的有关规定享受除一次性伤残补助金以外的工伤保险待遇。

3）职工符合上述规定，但是有下列情形之一的，不得认定为工伤或者视同工伤

①故意犯罪的。

②醉酒或者吸毒的。

③自残或者自杀的。

（2）工伤保险费用缴纳

《工伤保险条例》规定，用人单位应当按时缴纳工伤保险费。职工个人不缴纳工伤保险费。

工伤保险费是由用人单位按照国家相关规定的费率缴纳的，职工个人不缴纳任何费用，这是工伤保险与养老保险、医疗保险等其他社会保险项目的不同之处。个人不缴纳工伤保险费，体现了工伤保险的严格雇主责任。

（3）工伤保险待遇

《工伤保险条例》规定的工伤保险待遇主要有：

1）工伤医疗及康复待遇

包括工伤治疗及相关补助待遇、工伤康复待遇、辅助器具的安装配置待遇等。

2）停工留薪期待遇

职工因工作遭受事故伤害或患职业病需暂停工作接受工伤医疗的，在停工留薪期内，原工资福利待遇不变，由所在单位按月支付。

3）伤残待遇

根据工伤发生后劳动能力鉴定确定的劳动功能障碍程度和生活自理障碍程度的等级不同，工伤职工可享受相应的一次性伤残补助金、伤残津贴、一次性工伤医疗补助金、一次性伤残就业补助金及生活护理费等。

4）工亡待遇

职工因工死亡，其近亲属按照规定从工伤保险基金领取丧葬补助金、供养亲属抚恤金和一次性工亡补助金。

【知识拓展】

停工留薪期一般不超过12个月。伤情严重或者情况特殊，经设区的市级劳动能力鉴定委员会确认，可以适当延长，但延长不得超过12个月。生活不能自理的工伤职工在停工留薪期需要护理的，由所在单位负责。

（4）工伤申请流程

1）发生工伤事故（或诊断为职业病）提出工伤认定申请

职工所在单位应当自职工发生事故伤害（或职工被诊断、鉴定为职业病）之日起的30日内，向统筹地区社会保险行政部门提出工伤认定申请。

提出工伤认定申请应提交以下材料：工伤认定申请表（应当包括事故发生的时间、地点、原因以及职工伤害程度等基本情况），与用人单位存在劳动关系（包括事实劳动关系）的证明材料，医疗诊断证明或者职业病诊断证明书（或职业病诊断鉴定书）。

2）社会保险行政部门受理

申请材料完整，属于社会保险行政部门管辖范围且在受理时效内的，应当受理。申请材料不完整的，社会保险行政部门应当一次性书面告知工伤认定申请人需要补正的全部材料。

3）作出工伤认定

社会保险行政部门应当自受理工伤认定申请之日起 60 日内作出工伤认定的决定，并书面通知申请工伤认定的职工或者其近亲属和该职工所在单位。

【知识拓展】

用人单位未按规定提出工伤认定申请的，工伤职工或者其近亲属、工会组织在事故伤害发生之日或者被诊断、鉴定为职业病之日起 1 年内，可以直接向用人单位所在地统筹地区社会保险行政部门提出工伤认定申请。

第 2 章

生产安全事故风险识别

7. 风险和危险源

(1) 风险

风险是危险发生的严重性与可能性的组合。危险即为不安全，安全是指不会发生事故、造成伤害的一种状态。危险也是一种状态，而且是和安全相反的一种状态，危险就是有发生事故可能性，并造成一定伤害的状态。在安全生产工作中，事故风险表现为职工的不安全行为，设备、设施的不安全状态以及作业环境中潜在的危险因素。

(2) 危险源与重大危险源

1）危险源

危险源是指可能导致人身伤害和健康损害的根源，是指一个系统、装置或设施中潜在物质和能量释放的危险，并可能造成人员死亡、伤害、职业病、财产损失、环境破坏或其他损失的根源和状态，即事故发生的根源。危险源包括危险因素和有害因素：危险因素一般指在短时间内就可造成损失的因素，如引起人的急性伤害或短时间内死亡的因素；而有害因素一般指引发人的慢性疾病的因素。

2）重大危险源

《安全生产法》规定，重大危险源是指长期地或者临时地生产、搬运、使用或者储存危险物品，且危险物品的数量等于或者超过临界量的单元（包括场所和设施）。

8. 安全标志及其使用管理

（1）安全色

安全色是指用以传递安全信息含义的颜色，包括红、蓝、黄、绿四种颜色。

1）红色

用以传递禁止、停止、危险或者提示消防设备、设施的信息，如禁止标志等。

2）蓝色

用以传递必须遵守规定的指令性信息，如指令标志等。

3）黄色

用以传递注意、警告的信息，如警告标志等。

4）绿色

用以传递安全的提示信息，如提示标志、车间内或工地内的安全通道等。

安全色普遍适用于公共场所、企业的交通运输、建筑、仓储等行业以及消防等领域所使用的信号和标志的表面颜色，但是不适用于灯光信号和航海、内河航运以及其他目的而使用的颜色。

（2）对比色

对比色是指使安全色更加醒目的反衬色，包括黑、白两种颜色。

安全色与对比色同时使用时，应按规定搭配使用。安全色的对比色见表 2-1。

表 2-1　　安全色的对比色

安全色	对比色
红色	白色
蓝色	白色
黄色	黑色
绿色	白色

对比色使用时，黑色用于安全标志的文字、图形符号和警告标志的几何图形；白色作为安全标志红、蓝、绿色的背景色，也可用于安全标志的文字和图形符号。红色与白色相间条纹表示禁止或提示消防设备、设施位置的安全标记；黄色与黑色相间条纹表示危险位置的安全标记；蓝色与白色相间条纹表示指令的安全标记，传递必须遵守规定的信息；绿色与白色相间条纹表示安全环境的安全标记。

（3）安全标志

安全标志是由安全色、几何图形和图形符号构成的，是用来表达特定安全信息的标记，分为禁止标志、警告标志、指令标志和提示标志 4 类。

禁止标志的含义是禁止人们的不安全行为。例如：

禁止吸烟

禁止跨越

禁止饮用

警告标志的含义是提醒人们对周围环境引起注意，以避免可能发生的危险。例如：

注意安全

当心火灾

当心触电

指令标志的含义是强制人们必须作出某种动作或采取防范措施。例如：

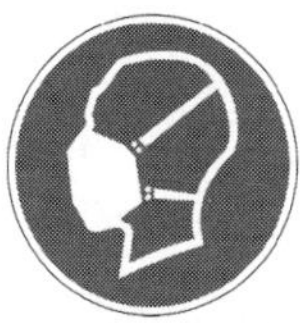
必须戴防尘口罩

必须戴安全帽

必须系安全带

提示标志的含义是向人们提供某种信息（如标明安全设施或场所等）。例如：

紧急出口

避险处

可动火区

安全标志一般设在醒目的地方，以便人们看到后有足够的时间来注意它所表示的内容，不能设在门、窗、架子等可移动的物体上，因为这些物体位置移动后安全标志就起不到作用了。

（4）安全标志的使用与管理

国家相关标准规定了安全色、基本安全图形和符号，以及安全标志的使用与管理规定，详情请参阅国家标准有关内容。烟花爆竹等一些行业根据国家标准相关规定，还制定了有本行业特色的安全标志（图形或符号）。

9. 职业病危害警示标识

职业病危害警示标识是指在工作场所中设置的可以提醒劳动者对职业病危害产生警觉，并采取相应防护措施的图形标识、警示线、警示语句和文字说明及其组合使用的标识。用人单位应在产生或存在职业病危害因素的工作场所、作业岗位、设备、材料（产品）包装、储存场所设置相应的警示标识。产生职业病危害的工作场所，应当在工作场所入口处及产生职业病危害的作业岗位或设备附近的醒目位置设置警示标识。职业病危害警示标识包括图形标识、警示语句、警示说明、职业病危害告知卡等。

（1）图形标识

图形标识分为禁止标识、警告标识、指令标识、提示标识和警示线，共 5 种。

1）禁止标识

禁止不安全行为的图形，如禁止入内、禁止停留和禁止启动等标识。

2）警告标识

提醒注意周围环境，以避免可能发生危险的图形，如当心中毒、当心腐蚀、当心感染等标识。

3）指令标识

强制人们做出某种动作或采用防范措施的图形，如戴防护镜、戴防毒面具、戴防尘口罩等标识。

4）提示标识

提供相关安全信息的图形，如救援电话标识。

5）警示线

警示线是界定和分隔危险区域的标识线，分为红色、黄色和绿色三种。按照实际需要，警示线可喷涂在地面或制成色带设置。

生产、使用高毒、剧毒物品的工作场所应当设置红色区域警示线。警示线设在生产、使用有毒物品的车间周围外缘不少于 30 厘米处，警示线宽度不少于 10 厘米。

室外、野外放射工作场所及室外、野外放射性同位素及其储存场所应设置相应警示线；开放性放射工作场所监督区设置黄色区域警示线，控制区设置红色区域警示线。

（2）警示语句

警示语句是一组表示禁止、警告、指令、提示或描述工作场所职业病危害的词语。警示语句可单独使用，也可与图形标识组合使用。基本警示语句见表 2-2。

表 2-2　　基本警示语句

序号	语句内容	序号	语句内容
1	禁止入内	29	刺激皮肤
2	禁止停留	30	腐蚀性
3	禁止启动	31	遇湿具有腐蚀性
4	当心中毒	32	窒息性
5	当心腐蚀	33	剧毒
6	当心感染	34	高毒
7	当心弧光	35	有毒
8	当心辐射	36	有毒有害
9	注意防尘	37	遇湿分解放出有毒气体
10	注意高温	38	当心有毒气体
11	有毒气体	39	接触可引起伤害
12	噪声有害	40	皮肤接触可对健康产生危害
13	戴防护镜	41	对健康有害
14	戴防毒面具	42	接触可引起伤害和死亡
15	戴防尘口罩	43	麻醉作用
16	戴护耳器	44	当心眼损伤
17	戴防护手套	45	当心灼伤
18	穿防护鞋	46	强氧化性
19	穿防护服	47	当心中暑
20	注意通风	48	佩戴呼吸防护器
21	左行紧急出口	49	戴防护面具
22	右行紧急出口	50	戴防溅面具
23	直行紧急出口	51	佩戴射线防护用品
24	急救站	52	未经许可，不许入内
25	救援电话	53	不得靠近
26	刺激眼睛	54	不得越过此线
27	遇湿具有刺激性	55	泄险区
28	刺激	56	不得触摸

(3) 警示说明

使用可能产生职业病危害的化学品、放射性同位素和含有放射性物质材料的，必须在使用岗位设置醒目的警示标识和中文警示说明。其中，中文警示说明应当载明产品特性、主要成分、存在的有害因素、可能产生的危害后果、安全使用注意事项、职业病防护以及应急救治措施等内容。

使用可能产生职业病危害的设备的，除设置警示标识外，还应当在设备醒目位置设置中文警示说明。警示说明应当载明设备性能、可能产生的职业病危害、安全操作和维护注意事项、职业病防护以及应急救治措施等内容。

为用人单位提供可能产生职业病危害的设备或可能产生职业病危害的化学品、放射性同位素和含有放射性物质的材料的，应当依法在设备或者材料的包装上设置警示标识和中文警示说明。

(4) 职业病危害告知卡

对产生严重职业病危害的作业岗位，除设置警示标识外，还应当在其醒目位置设置职业病危害告知卡（以下简称告知卡）。告知卡应当标明职业病危害因素名称、理化特性、健康危害、接触限值、防护措施、应急处理及急救电话、职业病危害因素检测结果及检测时间等。符合以下条件之一，即为产生严重职业病危害的作业岗位：

1）存在矽尘或石棉粉尘的作业岗位。

2）存在致癌、致畸等有害物质或者可能导致急性职业性中毒的作业岗位。

3）放射性危害作业岗位。

10. 生产活动中常见的不安全行为

一般地说，凡是能够或可能导致事故发生的人为失误均属于不安全行为。根据国家相关标准，将职工不安全行为分为以下 13 种：

（1）未经许可开动、关停、移动机器；开动、关停机器时未给信号；开关未锁紧，造成意外转动、通电或泄漏等；忘记关闭设备；忽视警告标志、警告信号；操作错误（指按钮、阀门、扳手、把柄等的操作）；奔跑作业；供料或送料速度过快；机械超速运转；违章驾驶机动车；酒后作业；客货混载；冲压机作业时，手伸进冲压模；工件紧固不牢；用压缩空气吹铁屑。

（2）安全装置被拆除、堵塞，或因调整的错误造成安全装置失效。

（3）临时使用不牢固的设施或无安全装置的设备等。

（4）用手代替手动工具，用手清除切屑，不用夹具固定，用手拿工件进行机加工。

（5）成品、半成品、材料、工具、切屑和生产用品等存放不当。

（6）冒险进入危险场所。

（7）攀、坐不安全位置。

（8）在起吊物下作业、停留。

（9）机器运转时进行加油、修理、检查、调整、焊接、清扫等工作。

（10）分散注意力行为。

（11）在必须使用个人防护用品用具的作业或场合中，未按规定使用。

（12）在有旋转零部件的设备旁作业穿肥大服装，操纵带有旋转零部件的设备时戴手套。

（13）对易燃易爆等危险物品处理错误。

11. 常见设备设施的不安全状态

（1）防护、保险、信号等装置缺乏或有缺陷

1）无防护：无防护罩，无安全保险装置，无报警装置，无安全标志，无护栏或护栏损坏，（电气）未接地，绝缘不良，风扇无消声系统、噪声大，危房内作业，未安装防止“跑车”的挡车器或挡车栏，其他。

2）防护不当：防护罩未在适当位置，防护装置调整不当，坑道掘进、隧道开凿支撑不当，防爆装置不当，采伐、集材作业安全距离不够，放炮作业隐蔽场所有缺陷，电气装置带电部分裸露，其他。

（2）设备、设施、工具、附件有缺陷

1）设计不当，结构不符合安全要求：通道门遮挡视线，制动装置有缺陷，安全距离不够，拦车网有缺陷，工件有锋利毛刺、毛边，设施上有锋利倒棱，其他。

2）强度不够：机械强度不够，绝缘强度不够，起吊重物的绳索不符合安全要求，其他。

3）设备在非正常状态下运行：设备带“病”运转，超负荷运转，其他。

4）维修、调整不良：设备失修，地面不平，保养不当，设施失灵，其他。

12. 作业环境潜在的危险因素

作业环境潜在的危险因素主要是指那些造成或可能造成职业病、中毒伤害的劳动环境或条件。主要包括：

（1）物理因素，如噪声、振动、湿度、辐射等。

（2）化学因素，如易燃易爆物品、有毒物品、有害气体、有害金属等。

（3）生物因素，如生产过程中存在的，能对人体健康造成危害的病菌和细菌等。

（4）其他作业环境中存在的危险因素。

第 3 章

生产安全事故预防

13. 生产安全事故种类

（1）物体打击

物体打击是指失控的物体在惯性力或重力等其他外力的作用下产生运动，打击人体而造成人员伤亡的事故。物体打击会对作业人员的人身安全造成威胁和伤害，甚至死亡。特别是在周期短、人员密集、机具多、物料投入多、交叉作业多的作业环境下，易发生对生产设备或作业人员的物体打击伤害。例如，建筑行业发生物体打击伤害事故较多，常见原因有：工具、零件、砖瓦、木块等物从高处掉落伤人；人为乱扔废物、杂物伤人；设备带“病”运转伤人；设备运转中作业人员违章操作；模板拆除工程中，支撑、模板伤人等。

（2）车辆伤害

车辆伤害是指生产场所内的机动车辆在行驶过程中引起的人体坠落和物体倒塌、下落、挤压伤亡事故，不包括起重设备提升、牵引车辆和车辆停驶时发生的事故。引发车辆伤害的常见原因有超速行驶、无证驾驶车辆、车辆安全行驶制度不落实、车况不良、道路条件差、视线不良、行人与车辆不遵守铁路道口安全规定和抢越铁路道口等。

（3）机械伤害

机械伤害主要指机械设备运动（静止）部件、工具、加工件直接与人体接触引起的夹击、碰撞、剪切、卷入、绞、碾、割、刺等形式的伤害。各类转动机械的外露传动部分（如齿轮、轴、履带等）和往复运动部分都有可能对人体造成机械伤害。

（4）起重伤害

起重伤害是指在日常起重作业中，脱钩砸人、钢丝绳断裂抽人、移动物撞人、滑车砸人以及倾翻事故、坠落事故、提升机过卷事故或起重设备误触高压线、感应带电体触电等。引发起重伤害的常见原因有：超载、基础损坏、碰撞、操作失误、负载掉落、挤压和撞击、起重机车脱轨；使用的钢丝绳超过安全系数，造成断裂；起重工未戴安全帽，起重机吊钩超载断裂；作业现场光线不良，造成视野不清；使用报废的钢丝绳；吊挂方式不正确，造成起吊物从吊钩中脱出；制动装置失灵等。

（5）触电

触电是电击伤的俗称，通常是指人体直接触及电源或高压电经过空气或其他导电介质传递电流通过人体时引起的组织损伤和功能障碍，重者发生心搏和呼吸骤停。引发触电伤害的常见原因有：使用有缺陷的电气设备，触及带电的破旧电线，触及未接地的电气设备及裸露线接头等；使用无保护性的地线或地线质量不良；非电气工作人员进行电气设备维修；不按规定使用便携式灯具；缺少电气危险警告标志等。

(6) 淹溺

淹溺又称溺水，是指人淹没于水或其他液体介质中并受到伤害的状况。水充满呼吸道和肺泡会引起缺氧窒息，吸收到血液循环的水会导致血液渗透压改变、电解质紊乱和组织损害，最后造成呼吸停止和心脏停搏而死亡。

(7) 灼烫

灼烫是指火焰烧伤、高温物体烫伤、化学灼伤（酸、碱、盐、有机物引起的体内外的灼伤）、物理灼伤（光、放射性物质引起的体外的灼伤），不包括电灼伤和火灾引起的烧伤。

(8) 火灾

火灾是指在时间或空间上失去控制的燃烧所造成的灾害。《火灾分类》（GB/T 4968—2008）中按照可燃物的类型和燃烧特性，将火灾分为 A、B、C、D、E、F 六大类。

1）A 类火灾是指固体物质火灾。这种物质通常具有有机物性质，一般在燃烧时能产生灼热的余烬。如木材、干草、煤炭、棉、毛、麻、纸张等火灾。

2）B 类火灾是指液体或可熔化的固体物质火灾。如煤油、柴油、原油、甲醇、乙醇、沥青、石蜡等火灾。

3）C 类火灾是指气体火灾。如煤气、天然气、甲烷、乙烷、丙烷、氢气等火灾。

4）D 类火灾是指金属火灾。如钾、钠、镁、钛、锆、铝镁合金等火灾。

5）E 类火灾是指带电火灾。物体带电燃烧的火灾。

6）F 类火灾是指烹饪器具内的烹饪物（如动植物油脂）火灾。

(9) 高处坠落

按照国家标准相关规定：凡在坠落高度基准面 2 米以上（含 2 米）的可能坠落的高处所进行的作业，都称为高处作业。在施工现场高处作业时，如果未防护、防护不好或作业不当都可能发生人或物的坠落。引发高处坠落的常见原因有：违章指挥、违章作业、违反劳动纪律的“三违”行为，劳动防护用品和安全防护装置失效等。

(10) 坍塌

坍塌是指物体在重力和其他外力的作用下，超过自身极限强度，结构稳定失衡塌落而造成物体高处坠落、物体打击、挤压伤害及窒息的事故。这类事故因塌落物自身重量大、作用范围大，往往伤害人员多，后果严重，造成重大人员伤亡。坍塌事故主要分为土方坍塌、模板坍塌、脚手架坍塌、拆除工程坍塌、建筑物及构筑物坍塌五种类型。

(11) 冒顶片帮

冒顶片帮是指矿井、隧道、涵洞在开挖、衬砌过程中因开挖或支护方法不当，顶部或侧壁大面积垮塌造成伤害的事故。矿井作业面、巷道侧壁在矿山压力作用下变形，被破坏而脱落的现象为片帮，顶部垮落为冒顶，二者常同时发生，统称为冒顶片帮。引发冒顶片帮事故的常见原因有：采矿方法选择不合理，顶板管理方法不当；作业人员疏忽大意，检查不周，处理浮石操作方法不当等。

（12）透水

透水是指矿井在建设和生产过程中，由于防治水措施不到位而导致地表水和地下水通过裂隙、断层、塌陷区等各种通道无控制地涌入矿井工作面，造成作业人员伤亡或矿井财产损失的水灾事故。透水事故的常见预兆有：巷道壁和煤壁“挂汗”，煤层变冷、淋水加大，顶板来压或底板鼓起并有渗水，出现压力水流、水叫，工作面有害气体增加，煤壁或巷道壁“挂红”、酸度大、水味发涩和有臭鸡蛋味，煤体发潮发暗等。

（13）放炮

放炮是指在施工时放炮作业造成的伤亡事故，适用于各种爆破作业，如采石、采矿、采煤、开山、修路、拆除建筑物等工程进行的爆破作业引起的伤亡事故。引发放炮事故的常见原因有：放炮母线短，躲避处选择不当，造成飞煤、飞石伤人；放炮时，未执行《煤矿安全规程》中有关放炮警戒的规定，误伤进入放炮区的人员；处理拒爆炮未按规定的程序和方法操作，致使拒爆炮突响崩人；通电以后装药炮眼不响时，等候进入工作面的时间过短，或误认为是电网路故障而提前进入，造成崩人；未能防止杂散电流，造成突然爆炸而崩人等。

（14）火药爆炸

火药爆炸是指火药或炸药在生产、运输、储藏的过程中发生的爆炸事故，主要包括：火药或炸药在配料、运输、储藏、加工过程中，由于振动、明火、摩擦、静电作用，或因其热分解作用引起的爆炸事故；储藏时间过长或因存药过多而发生的化学性爆炸事故；熔炼金属时，废料处理不净，残存火药或炸药引起的爆炸事故。

（15）瓦斯爆炸

瓦斯爆炸是指可燃性气体瓦斯与空气混合形成的达到燃烧极限的混合物在接触火源时，引起的化学性爆炸事故。瓦斯爆炸主要发生在煤矿行业，同时也适用于空气不流通，瓦斯积聚的场合。

（16）锅炉爆炸

锅炉爆炸是由于锅炉承压负荷过大造成的瞬间能量释放现象。如锅炉缺水、水垢过多、压力过大等情况都会造成锅炉爆炸，并且一旦出现这类事故，对周围建筑、人员等伤害极大。

（17）容器爆炸

容器爆炸是指储存在容器内的有压气体或液化气体解除壳体的约束，迅速膨胀，瞬间释放出内在能量的现象。

（18）其他爆炸

凡是不属于火药、瓦斯、锅炉和容器爆炸的爆炸事故均属于其他爆炸，如可燃性气体与空气混合、可燃性蒸气与空气混合形成的爆炸性混合物爆炸等。

（19）中毒和窒息

中毒是指人接触有毒物质，如误食有毒物质，吸入有毒气体引起的人体急性中毒事故；窒息是指人员在废弃的坑道、竖井、涵洞、地下管道等不能通风的地方作业时，由于缺乏氧气，造成的突然晕倒，甚至死亡的事故。这两种现象结合在一起称为中毒和窒息事故。

（20）其他伤害

不属于上述伤害形式的事故称为其他伤害，如受到动物攻击、冻伤、扭伤等非常规性伤害。

14. 生产安全行为规范

（1）施工现场基本安全要求

1）自觉遵守安全生产规章制度和劳动纪律，做到不违章作业并能够制止他人违章作业。

2）遵守有关设备维修保养制度的规定，为设备安全与正常运转尽到责任。

3）进入工作场所要按规定佩戴、使用劳动防护用品。

4）爱护和正确使用机器设备、工具，保持工作场所文明、整洁。

5）禁止在有毒有害工作场所用餐、饮水或吸烟。

6）严禁随意进入危险场所或触摸非本人操作的设备、刀闸、阀门等。

7）关心生产安全情况，向有关领导或部门提出合理化建议或意见。

8）发现事故隐患和不安全因素要及时向班组长或有关部门汇报情况。

9）发生生产安全事故要及时抢救伤员、保护现场，报告领导，同时要协助做好事故调查工作。

（2）遵守安全操作规程

安全操作规程是生产客观规律的反映，是作业人员安全操作的行为准则。安全操作规程一经颁布，必须认真贯彻执行，不得违反。它是作业人员操作机械设备和调整仪器仪表以及从事其他作业时必须遵守的程序，是企业安全生产规章制度的重要内容，也是有关安全技术规定在各个岗位的具体体现，如《煤矿安全规程》《电工安全技术操作规程》等各行业的操作规程。

（3）严禁违章作业

1）机械设备转动部位必须装好防护罩才允许工作；机械运转时，不得擅自离开，置机械于无人管理状态；不准对运转的机械装置进行清扫、加油或修理；严禁私自拆除机械安全装置。

2）不得将手伸入压力机械施压部位，操作旋转机床不允许戴手套或用手代替规定的工具作业。

3）严禁进入危险区域。如在起重机作业区域站立或通过，登上运转中的机械，在运行中的车辆中跳上跳下等。

4）及时报废、更新设施或工具，不得使用磨损达一定程度及使用达规定年限的吊索具、机械装置和劳动防护用品。

5）擦拭、检修、更换齿轮、零件、工具等应停车进行，两人以上同时操作时，应由一人指挥一人操作，相互协调。

6）不准用汽油清洗工作台，废油、废棉纱不准乱扔、乱倒；禁火区内严禁动火作业和抽烟，必须动火的要采取措施，并报有关部门批准；学会使用灭火器械，发现火警应及时扑救，并立即向消防救援部门报警。

7）不得擅自去做非本人岗位的工作，特种作业岗位必须持证上岗。

8）不穿戴不符合安全要求的劳动防护用品。

9）有权拒绝违章指挥和强令冒险作业，对个人安全生产工作负责。

15. 安全与应急教育和培训

根据《生产经营单位安全培训规定》要求，煤矿、非煤矿山、危险化学品、烟花爆竹、金属冶炼等生产经营单位必须对新上岗的临时工、合同工、劳务工等进行强制性安全培训，保证其具备本岗位安全操作、自救互救以及应急处置所需的知识和技能后，方能安排上岗作业。生产经营单位新上岗的从业人员，岗前安全培训时间不得少于 24 学时；煤矿、非煤矿山、危险化学品、烟花爆竹、金属冶炼等生产经营单位新上岗的从业人员安全培训时间不得少于 72 学时，每年再培训的时间不得少于 20 学时。《生产安全事故应急条例》中也作出相关规定：生产经营单位未对从业人员进行应急教育和培训，要依法追究其法律责任。

(1) 三级安全教育

生产经营单位内部对新入职的从业人员开展安全与应急教育主要形式是三级安全教育。三级安全教育是生产经营单位安全教育的基本教育制度，是指对新入厂从业人员开展的入厂教育、车间教育、班组教育。

1）入厂教育

入厂教育是指新入厂从业人员在被分配到车间或工作岗位之前必须进行的初步的安全教育，主要是了解本单位安全生产概况和单位内的特殊危险源，以及基本的安全技术知识等。

2）车间教育

车间教育是指车间对新入厂从业人员进行的车间安全教育，主要是了解车间的规章制度及车间内的危险区、典型事故案例等。

3）班组教育

班组教育是指班组长对新入厂从业人员在上岗前进行的安全教育，主要是了解本工段或生产班组的安全生产情况、工作性质和职责范围、容易发生事故的部位、个人防护用品的使用和保管等。

(2) 教育和培训形式

生产经营单位可以采取“统一组织、集中授课、学习考察、座谈讨论、岗前培训”等多种形式开展安全与应急教育和培训。可充分利用电视、广播、报纸、科普读物、牌板展览、知识讲座、知识竞赛、知识答卷、安全宣讲、安全活动日等，持续开展安全与应急知识进班组、进岗位、进家庭活动。

(3) 教育和培训内容

安全与应急教育和培训的内容包括：学习国家应急管理和安全生产工作的方针政策和工作部署，安全与应急管理相关法律法规，安全生产相关制度，现场处置基本知识；全面掌握事故预防、报警、逃生、避险、自救互救、个人应急防护装备和应急救援物资使用等相关知识和技能。其内容可以分为思想教育、法制教育、知识教育和技能训练等。

1）思想教育

思想教育主要是应急管理和安全生产方针政策教育、形势任务教育以及工作目的教育等。形式多样、丰富多彩的安全教育和培训可以使生产经营单位各级管理者牢固地树立起安全第一的思想，正确处理各自业务范围内安全与生产、安全与效益的关系，主动采取事故预防措施。同时，可以提高全体从业人员的安全和应急意识，激励其安全动机，自觉采取安全措施。

2）法制教育

法制教育主要是法律法规教育、执法守法教育、权利义务教育等。法制教育可使生产经营单位的各级管理者和全体从业人员知法、懂法、守法，以法律法规为准绳约束自己，履行自己的义务，以法律法规为武器维护自己的权利。

3）知识教育

知识教育主要是安全管理、安全技术和职业卫生等相关知识教育。知识教育可使生产经营单位的决策者和管理者了解并掌握安全生产规律，熟悉自己业务范围内必需的安全与应急管理理论、方法及相关的安全技术、职业卫生知识，提高安全管理水平；可使全体从业人员掌握各自必备的安全科学技术，提高生产经营单位的整体安全素质。

4）技能训练

技能训练主要是针对各个岗位或工种的人员所必须掌握的安全生产方法和手段的训练，如安全操作技能训练、危险预知训练、紧急状态事故处理训练、自救互救训练、消防演练、逃生避险训练等。技能训练可使从业人员掌握必备的安全生产和求生技能与技巧。

16. 特种作业人员技术培训

特种作业是指容易发生事故，对操作人员本人和他人的安全健康及设备设施的安全可能造成重大危害的作业。根据《特种作业人员安全技术培训考核管理规定》，特种作业人员的安全技术培训、考核、发证、复审工作实行统一监管、分级实施、教考分离的原则。

（1）特种作业人员

特种作业人员是指直接从事特种作业的从业人员，应当符合下列条件：

1）年满 18 周岁，且不超过国家法定退休年龄。

2）经社区或者县级以上医疗机构体检健康合格，并无妨碍从事相应特种作业的器质性心脏病、癫痫病、美尼尔氏症、眩晕症、癔病、震颤麻痹症、精神病、痴呆症以及其他疾病和生理缺陷。

3）具有初中及以上文化程度（危险化学品特种作业人员

应当具备高中或者相当于高中及以上文化程度)。

4）具备必要的安全技术知识与技能。

5）相应特种作业规定的其他条件。

特种作业人员必须经专门的安全技术培训并考核合格，取得特种作业操作证后，方可上岗作业。

（2）特种作业人员培训

特种作业人员应当接受与其所从事的特种作业相应的安全技术理论培训和实际操作培训。已经取得职业高中、技工学校及中专以上学历的毕业生从事与其所学专业相应的特种作业，持学历证明经考核发证机关同意，可以免予相关专业的培训。跨省（自治区、直辖市）从业的特种作业人员，可以在户籍所在地或者从业所在地参加培训。

对特种作业人员的安全技术培训，具备安全培训条件的生产经营单位应当以自主培训为主，也可以委托具备安全培训条件的机构进行培训。不具备安全培训条件的生产经营单位，应当委托具备安全培训条件的机构进行培训。生产经营单位委托其他机构进行特种作业人员安全技术培训的，保证安全技术培训的责任仍由本单位负责。从事特种作业人员安全技术培训的机构，应当编制相应的培训计划、教学安排，并按照有关部门制定的特种作业人员培训大纲和煤矿特种作业人员培训大纲进行特种作业人员的安全技术培训。

（3）特种作业人员考核取证

特种作业人员的考核包括考试和审核两部分。考试由考核发证机关或其委托的单位负责，审核由考核发证机关负责。国务院应急管理部门、国家矿山安全监察局分别制定特种作业人员、煤矿特种作业人员的考核标准，并建立相应的考试题库。考核发证机关或其委托的单位应当按照国务院应急管理部门、国家矿山安全监察局统一制定的考核标准进行考核。

特种作业操作资格考试包括安全技术理论考试和实际操作考试两部分。考试不及格的，允许补考 1 次。经补考仍不及格的，重新参加相应的安全技术培训。符合规定并经考试合格的特种作业人员，应当向其户籍所在地或者从业所在地的考核发证机关申请办理特种作业操作证，并提交身份证复印件、学历证书复印件、体检证明、考试合格证明等材料。

特种作业操作证有效期为 6 年，在全国范围内有效。特种作业操作证由国务院应急管理部门统一式样、标准及编号。特种作业操作证遗失的，应当向原考核发证机关提出书面申请，经原考核发证机关审查同意后，予以补发。特种作业操作证所记载的信息发生变化或者损毁的，应当向原考核发证机关提出书面申请，经原考核发证机关审查确认后，予以更换或者更新。

(4) 特种作业操作证复审

特种作业操作证每 3 年复审 1 次。特种作业人员在特种作业操作证有效期内，连续从事本工种 10 年以上，严格遵守有关安全生产法律法规的，经原考核发证机关或者从业所在地考核发证机关同意，特种作业操作证的复审时间可以延长至每 6 年 1 次。特种作业操作证需要复审的，应当在期满前 60 日内，由申请人或者申请人的用人单位向原考核发证机关或者从业所在地考核发证机关提出申请，并提交以下材料：社区或者县级以上医疗机构出具的健康证明；从事特种作业的情况；安全培训考试合格记录。特种作业操作证有效期届满需要延期换证的，应当按照规定申请延期复审。

特种作业操作证申请复审或者延期复审前，特种作业人员应当参加必要的安全培训并考试合格。安全培训时间不少于8学时，主要培训法律、法规、标准、事故案例和有关新工艺、新技术和新装备等知识。申请复审的，考核发证机关应当在收到申请之日起20个工作日内完成复审工作。复审合格的，由考核发证机关签章、登记，予以确认；不合格的，说明理由。申请延期复审的，经复审合格后，由考核发证机关重新颁发特种作业操作证。

特种作业人员有下列情形之一的，复审或者延期复审不予通过：

1）健康体检不合格的。

2）违章操作造成严重后果或者有2次以上违章行为，并经查证确实的。

3）有安全生产违法行为，并给予行政处罚的。

4）拒绝、阻碍安全监管监察部门监督检查的。

5）未按规定参加安全培训，或者考试不合格的。

6）具有按规定应当依法被撤销特种作业操作证的情形的。

特种作业操作证复审或者延期复审符合上述第2）项至第5）项情形的，按照规定经重新安全培训考试合格后，再办理复审或者延期复审手续。再复审、延期复审仍不合格，或者未按期复审的，特种作业操作证失效。申请人对复审或者延期复审有异议的，可以依法申请行政复议或者提起行政诉讼。

17. 劳动防护用品种类及使用

用人单位应根据工作场所中的职业病危害因素及其危害程度，按照法律、法规、标准的规定，为职工免费提供符合国家规定的劳动防护用品。不得以货币或其他物品替代应当配备的劳动防护用品。

(1) 劳动防护用品的分类

按照人体保护部位划分，劳动防护用品分为头部防护用品、呼吸器官防护用品、眼（面）部防护用品、听觉器官防护用品、手部防护用品、足部防护用品、躯干防护用品、护肤用品、防坠落用品 9 大类。

1）头部防护用品包括安全帽、防尘帽、防静电帽等。

2）呼吸器官防护用品包括防尘口罩和防毒面罩等。

3）眼（面）部防护用品包括防护眼镜和防护面罩等。

4）听觉器官防护用品包括耳塞、耳罩和防噪声头盔等。

5）手部防护用品包括一般防护手套、防水手套、防寒手套、防毒手套、防静电手套、防高温手套、防 X 射线手套、耐酸（碱）手套、防振手套、防切割手套、绝缘手套等。

6）足部防护用品包括防尘鞋、防水鞋、防寒鞋、防静电鞋、耐酸（碱）鞋、防油鞋、防烫鞋、防滑鞋、防刺穿鞋、电绝缘鞋、防振鞋等。

7）躯干防护用品包括一般防护服、防水服、防寒服、防砸背心、防毒服、阻燃服、防静电服、防高温服、防电磁辐射服、耐酸（碱）服、防油服、水上救生衣、防昆虫服、防风沙服等。

8）护肤用品可分为防毒护肤用品、防腐护肤用品、防射线护肤用品、防油漆护肤用品等。

9）防坠落用品包括安全带和安全网等。

(2) 劳动防护用品的使用

职工在工作场所必须按照要求佩戴和使用劳动防护用品。劳动防护用品是根据生产工作的实际，由用人单位按需求发放给个人的，以达到预防事故、保障个人生命财产安全的目的。使用劳动防护用品要注意的问题有：

1）选择劳动防护用品应针对防护日的，止确选择符合要求的用品，绝不能选错或将就使用，以免发生事故。

2）对使用劳动防护用品的职工应进行教育和培训，使其能充分了解使用的目的和意义，并正确使用。对于结构和使用方法较为复杂的用品如呼吸防护器，应进行反复训练，使职工能熟练使用。用于紧急救灾的呼吸器，要定期严格检验，并妥善存放在可能发生事故的地点附近，方便取用。

3）妥善维护保养劳动防护用品不但能延长其使用期限，更重要的是能保证用品的防护效果。耳塞、口罩、面罩等用后应用肥皂、清水洗净，并用药液消毒、晾干。过滤式呼吸防护器的滤料要定期更换，以防失效。防止皮肤污染的工作服使用后应集中清洗。

4）劳动防护用品应有专人管理，负责维护保养，保证劳动防护用品充分发挥其作用。

5）职工所使用的劳动防护用品必须是由国家批准的正规

厂家生产的符合国家标准的产品。

18. 安全防护装置的作用及类型

（1）安全防护装置的作用

安全防护装置是针对设备在运动过程中显现出的不安全状态，防止这些不安全状态随时有对人直接造成伤害的可能。安全防护装置的作用是杜绝或减少机械设备在正常工作期间或故障状态下，甚至在操作者失误的情况下，发生人身或设备事故。具体作用如下：

1）防止设备因超限运行而发生事故。

2）自动排除或避免因设备故障而引起的危险。

3）防止因人为的错误操作而引起的事故。

4）防止人误入危险区发生的事故。

（2）安全防护装置的类型

生产过程中使用的设备种类繁多，存在的危险与有害因素各异，一般都有相应的专用安全防护装置。安全防护装置分为两大类，即安全保护装置和安全控制装置。

1）安全保护装置

安全保护装置是指配置在机械设备上，能防止危险部位及危险因素引起伤害，保障人身和设备安全的安全防护装置。当操作者处于危险区或设备处于不安全状态时，安全保护装置能直接起到安全保护作用，这类装置主要包括：

①隔离防护装置。其作用是将人体与危险源隔离，不受其危害。

②联锁防护装置。其特点主要体现在“联锁”两字上，它可以使既有关联、又相互制约的两种运动或两种操控动作保持协调，实现安全控制。

③超限保险装置。其作用是机械设备在正常运转时，能保持一定的输入、输出运行参数和工作状态参数。

④制动装置。其作用是当设备出现异常现象（如声音异常、零部件松动、振动剧烈、有人进入危险区等），可能导致设备损坏或造成人身伤害的紧急时刻，能立即将运动零部件制动，中断危险事态的发展。

2）安全控制装置

安全控制装置本身并不直接参与人身保护动作，根据其作用方式的不同，分为安全防护控制装置和安全监测控制装置。

①安全防护控制装置。该装置本身并不直接参与保护的安全动作，但是当人一旦进入危险区，它可以控制机械不能启动或停止运转，或将人与危险区隔开，或控制人体不能进入危险区。如双手按钮式开关、光电式安全防护装置等。

②安全监测控制装置。这是一种将监测仪器和控制系统相结合以达到预定的安全水平的安全防护装置，一般用在自动化机械或装置上，将监测仪器置于设备的适当部位，在设备运转中定期或连续监测其状态参数（振动、声音、温度、压力等）的变化，以此来反映设备运行状态的变化。当设备的状态参数接近限定值的某百分数时，报警器发出警报信号提醒操作者和维修人员注意；当状态参数超过限定值时，控制系统马上发出指令并驱动执行机构降低危险性水平或切断设备电源，使设备

停止运转。

（3）安全防护装置的使用

1）安全防护装置必须有足够的强度，应便于检查和维修，且有良好的可见度。

2）安全防护装置必须用紧固装置紧固在外露危险零部件及危险位置上。紧固装置必须可靠，只有使用专用工具并在足够外力的作用下，方可拆卸。

3）任何人不得随意拆卸安全防护装置或将其丢弃不用。

4）定期检查安全防护装置的安全性，避免安全防护装置在使用过程中成为新的事故危险源。

第 4 章

生产安全事故应急处置

19. 生产安全事故应急处置原则

（1）快速反应原则

生产安全事故具有突发性、关联性和不确性等特点。在事故现场处置过程中，任何时间上的延误都有可能加大应急处置的难度，使事故造成的损失扩大，引发更为严重的后果。因此，在应急处置过程中必须做到快速反应，力争在最短的时间内到达现场、控制事态、减少损失，以最高的效率和最快的速度救助受害者，并为尽快恢复正常的工作秩序、社会秩序、生活秩序创造条件。当生产安全事故发生之后，现场处置快速反应一方面要遵循事故处置的一般原则，另一方面也要根据事故的性质与所影响的范围来灵活掌握和处理。有的事故在爆发的瞬间就已结束，没有继续蔓延的条件，但大多数事故在救援和处置过程中可能还会继续蔓延扩大。

（2）及时救助原则

受害者得不到及时救助，导致错过最佳救援时机，是造成严重事故后果的重要原因。事故现场应急处置的首要目标是实施现场急救和安全转运伤员，减少不必要的人员伤亡。受害者的范围不仅包括事故中的直接受害者，还包括受害者的直系亲属、朋友以及其他相关的人员。受害者所需要的救助往往是多方面的，不仅仅局限于生理和心理伤害。因此，负责生产安全事故应急处置的相关部门和人员在进行现场控制的同时应立即展开对受害者的救助，及时抢救并护送危重伤员，救援受困群众，妥善安置死亡人员，安抚在精神与心理上受到严重冲击的受害者。

(3) 人员疏散原则

在大多数生产安全事故现场应急处置的控制与安排中，把处于危险境地的受害者尽快疏散到安全地带，避免出现更大伤亡的灾难性后果，是一项极其重要的工作。在很多伤亡惨重的生产安全事故中，没有及时进行人员安全疏散是造成群死群伤的主要原因。在决定是否疏散人员的过程中，首先要考虑是否可能会对周围群众的生命和健康造成危害，特别是要考虑是否存在潜在的危险性；其次是生产安全事故的危害范围是否会扩大或者蔓延。

(4) 保护现场原则

事故应急处置工作结束之后，或在应急处置过程中的适当时机，介入调查工作分析生产安全事故的原因与性质，发现、收集有关的证据，调查生产安全事故的责任者。在应急处置过程中，特别是对现场的控制做出安排时，一定要对现场进行有效的保护，以便日后开展调查工作。在实践中容易出现的问题是，应急处置人员的注意力都集中在救助伤亡人员或防止事故后果的蔓延扩大上，而忽略了对现场与证据的保护，结果在事后需要收集证据时，现场已遭到破坏，给调查工作带来不便。因此，必须在进行现场控制的整个过程中，把保护现场作为工作原则贯穿始终。

20. 事故应急救援处置及程序

事故应急救援处置是指为消除、减少事故危害，防止事故扩大或恶化，最大限度地降低事故造成的损失或危害而采取的救援措施或行动。

从业人员掌握一定的应急救援知识，对于处理紧急事故，防止和减少伤亡事故有重要的意义。生产经营单位在日常安全生产教育和培训中，要介绍该单位危险源的位置、可能发生事故的类型、事故后果的严重程度、事故救援的程序及方法等，并组织从业人员进行演练。

事故应急救援处置的程序包括：

（1）发现紧急情况后，事故现场人员应立即上报单位领导，如事态严重，应直接拨打相关电话报警。

（2）立即疏散事故现场人员。

（3）实施警戒，避免无关人员进入现场。

（4）立即采取现场行之有效的救护措施，对伤员实施救护和对事态进行控制。

（5）及时将伤员送医院救治。

（6）及时报告有关应急救援部门。

21. 事故现场伤员急救

事故现场伤员急救是指在事发的现场，对伤员进行及时的、有效的现场抢救。事故发生后的几分钟、十几分钟，是抢救危重伤员的黄金时间。这段时间内，如果抢救及时、正确，伤员的生命有可能被挽救；反之，生命则有可能丧失。现场及时的、正确的急救，可为专业医疗救治创造条件，最大限度地挽救伤员的生命和减轻其伤残程度。

（1）心肺复苏

心肺复苏急救技术是指当伤员呼吸与心搏已经停止时，合并使用人工呼吸及胸外心脏按压来进行急救的一种技术方法。有关研究数据显示，5 分钟内开始实施心肺复苏急救，8 分钟内进一步生命支持，呼吸、心搏暂停伤员存活率最高可达 43%；复苏（生命支持）每延迟 1 分钟，存活率下降 3%；除颤每延迟 1 分钟，存活率下降 4%。

实施心肺复苏时，首先要判断伤员呼吸、心搏状况，只有明确判定呼吸、心搏已经停止，才能立即进行心肺复苏。

1）开放气道

用最短的时间，先将伤员衣领口、领带、围巾等解开，戴上手套（最好是医用手套）迅速清除伤员口鼻内的污泥、土块、痰、呕吐物等异物，以利于呼吸道畅通，再将气道打开。

2）口对口人工呼吸

口对口人工呼吸的主要步骤为：

①施救者一只手的拇指、食指捏闭伤员的鼻孔，另一只手托其下颌。

②将伤员口部打开，施救者深呼吸，用唇紧贴并包住伤员口部吹气。

③伤员胸部鼓起方为有效。

④脱离伤员口部，放松捏鼻孔的拇指、食指，使其胸廓恢复。

⑤感到伤员口鼻部有气呼出。

⑥连续吹气 2 次，使伤员肺部充分换气。

3）心脏复苏

首先判定心搏是否停止，可以摸伤员的颈动脉有无搏动，如无搏动，则立即进行胸外心脏按压。实施胸外心脏按压的主要步骤如下：

①用一只手的掌根按在伤员胸骨中下 1/3 段交界处。

②另一只手压在前手的手背上，手指扣住下方手的手掌并使手指脱离胸腔壁，但不能平压在胸腔壁。

③双肘关节伸直，利用体重和肩臂力量垂直向下挤压，使胸骨下陷 4 厘米左右。

④略停顿后在原位放松，但手掌根不能离开胸骨定位点。

⑤连续进行 15 次胸外心脏按压，再口对口人工呼吸 2 次，如此反复。

（2）现场止血

受伤出血分为内出血和外出血。内出血一般只能到医院救治，外出血是现场急救的重点。理论上将外出血分为动脉出血、静脉出血、毛细血管出血。动脉出血时，血色呈鲜红色，血流有搏动、量多、速度快；静脉出血时，血色呈暗红色，血液缓慢流出；毛细血管出血时，血色呈鲜红色，慢慢渗出。若当时能鉴别出血类型，对选择止血方法有重要价值，但有时受现场的光线等条件的限制，往往难以区分。

常用的现场止血方法有多种，使用时要根据出血位置等具体情况选择其中的一种，也可以把几种方法结合在一起应用，以达到最快、最有效、最安全的止血目的。

1）加压止血法

①指压动脉止血法。指压动脉止血法适用于头部和四肢某些部位的大出血，方法为用手指压迫伤口近心端动脉，将动脉压向深部的骨头，以阻断血液流通。这是一种不需要任何器械，简便、有效的止血方法，但因为能坚持的时间短暂，常需要与其他方法结合进行。

②直接压迫止血法。直接压迫止血法适用于较小伤口的出血，一般使用无菌纱布直接压迫伤口处，时间约 10 分钟。

③加压包扎止血法。加压包扎止血法适用于各种伤口，是一种比较可靠的非手术止血法。先用无菌纱布覆盖压迫伤口，再用三角巾或绷带用力包扎，包扎范围应该比伤口稍大。这是一种目前最常用的止血方法，在没有无菌纱布时，可使用消毒卫生巾或餐巾等代替。

2）辅助材料止血法

①填塞止血法。填塞止血法适用于较大而深的伤口，先用镊子夹住无菌纱布塞入伤口内，如一块纱布止不住出血，可再加纱布，最后用绷带或三角巾包扎固定。

②止血带止血法。止血带止血法只适用于四肢大出血，而且是其他止血法效果不明显时才用的方法。止血带有橡皮止血带（橡皮条和橡皮带）、气性止血带（如血压计袖带）和布制止血带等，其操作方法各不相同。

（3）骨折固定

骨折是生产安全事故中较为常见的身体损伤。为避免骨折的断端对血管、神经、肌肉以及皮肤等组织造成再损伤，减轻伤员的痛苦，或者便于搬动与转运伤员，凡发生骨折或疑似骨折的伤员，均必须在现场立即采取临时固定的措施。常用的骨折固定方法有以下几种：

1）肱骨（上臂）骨折固定法

①夹板固定法。用两块夹板分别放在上臂内外两侧（如果只有一块夹板，则放在上臂外侧），用绷带或三角巾等将其上下两端固定。之后肘关节弯曲90度，前臂用小悬臂带悬吊。

②无夹板固定法。将三角巾折叠成10～15厘米宽的条带，其中央正对骨折处，将上臂固定在躯干上，于对侧腋下打结。屈肘90度，再用小悬臂带将前臂悬吊于胸前。

2）尺骨、桡骨（前臂）骨折固定法

①夹板固定法。用两块长度超过肘关节至手心的夹板分别放在前臂的内外两侧（如果只有一块夹板，则放在前臂外侧），并在手心放好衬垫让伤员握好，以使腕关节稍向背屈，再固定夹板上下两端。屈肘90度，用大悬臂带悬吊，手略高于肘。

②无夹板固定法。使用大悬臂带、三角巾固定。用大悬臂带将骨折的前臂悬吊于胸前，手略高于肘。再用一条三角巾将上臂一起固定于胸部，在健侧腋下打结。

3）股骨（大腿）骨折固定法

①夹板固定法。伤员仰卧，伤腿伸直。用两块夹板分别放在伤腿内外两侧（只有一块夹板时则放在伤腿外侧），并将健肢靠近伤肢，使双下肢并列，保持两足对齐。关节处及空隙部位均放置衬垫，用5～7条三角巾或布带先将骨折部位的上下两端固定，然后分别固定腋下、腰部、膝、踝等处。足部用三

角巾“8”字形固定，使足部与小腿呈直角。

②无夹板固定法。伤员仰卧，伤腿伸直，健肢靠近伤肢，双下肢并列，两足对齐。在关节处与空隙部位之间放置衬垫，用 5~7 条三角巾或布条将两腿固定在一起（先固定骨折部位的上下两端）。足部用三角巾“8”字形固定，使足部与小腿呈直角。

4）脊椎骨骨折固定法

发生脊椎骨骨折时不得轻易搬动伤员，严禁一人抱头、另一个人抬脚等不协调的动作。如伤员俯卧位时，可用“工”字夹板固定，将两横板压住竖板并分别横放于两肩上及腰骶部，在脊椎骨的凹凸部位放置衬垫，先用三角巾或布带固定两肩，再固定腰骶部。背部受到剧烈的外伤，有颈、胸、腰椎骨折者，绝不能试图扶着让伤员做一些活动来“判断”有无损伤，一定要就地固定。

5）头颅部骨折

头颅部骨折伤员在检查、搬动、转运等过程中，力求头颅部不会受到新的外界的影响而加重局部损伤。具体做法是：伤员静卧，头部可稍垫高，头颅部两侧放两个较大的、硬实的枕头或沙袋等物将其固定住，以免搬动、转运时局部晃动。

(4) 伤口包扎

包扎的目的是保护伤口、减少污染、固定敷料和帮助止血，常用绷带和三角巾进行包扎。无论采用哪种包扎方式，均要达到包好后固定不移动和松紧适度等基本要求，并尽量保证无菌操作。

1）绷带包扎常用方法

绷带包扎法分为环形包扎法、螺旋形包扎法、螺旋形反折包扎法、“8”字形包扎法和头顶双绷带包扎法等。包扎时要掌握好绷带的起点、止血点、着力点和走行方向的顺序，做到既牢固又不能太紧。应先在伤口覆盖无菌纱布，然后从伤口低处向上左右缠绕。包扎伤臂或伤腿时，要尽量设法暴露手指尖或脚趾尖，以便观察血液循环。绷带用于胸、腹、臀、会阴等部位效果不好，容易滑脱，所以一般用于四肢和头部的伤口。

2）三角巾包扎法

三角巾制作简单、方便，分为普通三角巾和带形、燕尾式三角巾，包扎时操作简便，且几乎能适用于全身各个部位。

①三角巾的头面部包扎法。先将消毒纱布覆盖在伤口上，将三角巾顶角打结放在前额正中，在底边的中点打结放在枕部，然后两手拉住两底角将下颌包住并交叉，再绕到颈后的枕部打结。

②上肢三角巾包扎法。先将三角巾平铺于伤员胸前，顶角对着肘关节稍外侧，与肘部平行，屈曲伤肢，并压住三角巾，然后将三角巾下端提起，两端绕到颈后打结，顶角反折并用别针扣住。

③残肢三角巾包扎法。残肢先用无菌纱布包裹，将三角巾铺平，残肢放在三角巾上，使其对着顶角，并将顶角反折覆盖残肢，再将三角巾底角交叉，绕肢打结。

（5）伤员搬运

搬运伤员是现场急救的重要措施之一。搬运的目的是使伤员迅速脱离危险地带，纠正当时影响伤员的非正常体位，使其减少痛苦、避免再受伤害，安全迅速地送往医院进行专业治疗。搬运伤员的方法应根据事发时现场的器材和人力而选定。

1）徒手搬运

①单人搬运法。适用于伤势比较轻的伤员，采取背、抱等方法。

②双人搬运法。一人托住伤员的双下肢，一人托住腰部。在不影响伤势下，还可采用椅式、轿式和拉车式等。

③三人搬运法。对疑似胸椎、腰椎骨折的伤者，应由三人配合搬运。一人托住伤员的肩胛部，一人托住臀部和腰部，另一人托住双下肢，三人同时把伤员轻轻抬放到硬板担架上。

④多人搬运法。把脊椎骨受伤的人员往担架上搬动时应由4~6 人一起搬动，两人专管伤员头部的牵引固定，使头部始终保持与躯干成直线的位置，维持颈部不动，两人托住伤员的臂和背，两人托住下肢，协调地将伤员平直放到担架上，并在颈、腋窝放置一个小枕头，头部两侧用软垫或沙袋固定。

2）担架搬运

当没有现成的担架，又需要自制担架搬运伤员时，可以用木棍制担架：用两根长约 2. 5 米的木棍或竹竿绑成梯子形，中间用绳索来回绑在两根长棍之间即成。用上衣制担架：用两根长约 2. 5 米的木棍或竹竿穿入两件上衣的袖筒中即成，通常在没有绳索的情况下采用此方法。用椅子代替担架：用两把扶手椅对接，用绳索固定对接处即成。或用车辆搬运，车辆搬运不受气候条件影响，速度快，能及时将伤员送到医院进行抢救，适合长距离运送。轻伤者可坐在车上，重伤者可躺在车里的担架上。重伤者最好用救护车转送，没有救护车的地方，可用一般汽车代替。上车后，胸部受伤的伤员取半卧位，一般伤员取仰卧位，颅脑受伤的伤员应使其头偏向一侧。

22. 事故上报程序

根据《生产安全事故报告和调查处理条例》的有关规定，事故现场有关人员、事故发生单位负责人和有关部门应当按照程序和时间要求报告事故。

（1）事故发生后，事故现场有关人员应当立即向本单位负责人报告；情况紧急时，事故现场有关人员可以直接向事故发生地县级以上人民政府应急管理部门和负有安全生产监督管理职责的有关部门报告。

（2）单位负责人接到事故报告后，应当于 1 小时内向事故发生地县级以上人民政府应急管理部门和负有安全生产监督管理职责的有关部门报告。

（3）应急管理部门和负有安全生产监督管理职责的有关部门接到事故报告后，应当按照事故的级别逐级上报事故情况，并报告本级人民政府，通知公安机关、劳动保障行政部门、工会和人民检察院，且每级上报的时间不得超过 2 小时。不同级别的事故，其上报情况如下：

1）特别重大事故、重大事故逐级上报至国务院应急管理部门和负有安全生产监督管理职责的有关部门。

2）较大事故逐级上报至省、自治区、直辖市人民政府应急管理部门和负有安全生产监督管理职责的有关部门。

3）一般事故上报至设区的市级人民政府应急管理部门和负有安全生产监督管理职责的有关部门。

4）国务院应急管理部门和负有安全生产监督管理职责的

有关部门以及省级人民政府接到发生特别重大事故、重大事故的报告后，应当立即报告国务院。

23. 事故报告内容

根据《生产安全事故报告和调查处理条例》的有关规定，事故报告的内容应当包括事故发生单位概况，事故发生的时间、地点以及事故现场情况，事故的简要经过，事故已经造成或者可能造成的伤亡人数和初步估计的直接经济损失，以及已经采取的措施等基本情况。事故报告后出现新情况的，还应当及时补报。

（1）事故发生单位概况

事故发生单位概况应当包括单位的全称、所处地理位置、所有制形式和隶属关系、生产经营范围和规模、持有各类证照的情况、单位负责人的基本情况以及近期的生产经营状况等。对于不同行业的企业，报告的内容应该根据实际情况来确定，但是应当以全面、简洁为原则。

（2）事故发生的时间、地点以及事故现场情况

报告事故发生的时间应当具体、精确。报告事故发生的地点要准确，除事故发生的中心地点外，还应当报告事故所波及的区域。报告事故现场的情况应当全面，不仅应当报告现场的总体情况，还应当报告现场的人员伤亡情况、设备设施的毁损情况；不仅应当报告事故发生后的现场情况，还应当尽量报告事故发生前的现场情况。

（3）事故的简要经过

事故的简要经过是对事故全过程的简要叙述，核心要求在于“全”和“简”。“全”就是要全过程叙述，“简”就是要简单明了，叙述要前后衔接、脉络清晰、因果相连。需要强调的是，由于事故的发生往往在一瞬间，对事故经过的叙述应当特别注意事故发生前作业场所有关人员和设备设施的一些细节，因为这些细节可能就是引发事故的重要原因。

（4）事故伤亡和损失

对于人员伤亡情况的报告，应当遵守实事求是的原则，不做无根据的猜测，更不能隐瞒实际伤亡人数。对直接经济损失的估算，主要指事故所导致的建筑物的毁损、生产设备设施和仪器仪表的损坏等。由于人员伤亡情况和经济损失情况直接影响事故等级的划分，对事故的调查处理等后续重大问题有决定性影响，在报告这方面情况时应当谨慎细致，力求准确。

（5）已经采取的措施

已经采取的措施主要是指事故现场有关人员、事故单位负责人、已经接到事故报告的应急管理部门为减少损失、防止事故扩大和便于事故调查所采取的应急救援和现场保护等具体措施。

（6）事故的补报

事故报告后出现新情况的，应当及时补报。自事故发生之日起 30 日内，事故造成的伤亡人数发生变化的，应当及时补报；道路交通事故、火灾事故自发生之日起 7 日内，事故造成的伤亡人数发生变化的，应当及时补报。

第 5 章

建筑行业常见事故预防与应急处置

24. 高处坠落事故预防与应急处置

(1) 高处坠落事故常见种类

1）临边、洞口处坠落

无防护设施或防护不规范，如防护栏杆的高度低于 1.2 米；在无外脚手架及尚未砌筑围护墙的楼面的边缘，防护栏杆无预埋件固定或固定不牢固；洞口防护不牢靠，洞口没有防止盖板位移的措施等，均易造成临边、洞口处坠落。

2）脚手架上坠落

脚手架搭设不规范，如相邻的立杆或横杆的接头在同一平面上；剪刀撑、连墙点设置随意；架体外侧与防护网、架体内侧与建筑物之间的空隙无防护或防护不严；脚手板未满铺或铺设不严、不稳等，均易造成脚手架上坠落。

3）登高过程中坠落

无登高梯道，随意攀爬脚手架、井架登高；登高斜道面板、梯档破损、断裂；登高斜道无防滑措施；梯子未放稳，人字梯两片之间未系安全绳带；梯子在光滑的楼面上放置时，其梯脚无防滑措施等，均易造成登高过程中坠落。

4）悬空高处作业时坠落

在安装或拆除脚手架、井架、塔吊和在吊装屋架、梁板等高处作业时，作业人员没有系安全带，也无其他防护设施或作业时用力过猛，身体失稳；拆除作业时用力过猛，身体失稳，脚踩活动构件或绊跌，均易造成悬空高处作业时坠落。

(2) 高处坠落事故预防措施

1）作业前应检查登高用具是否安全可靠。不得借用设备构筑物、支架、管道、绳索等非登高设施作为登高工具。

2）高处作业必须与高压电线保持安全距离或采取相应的安全防护措施，应戴好安全帽，并系好帽带。要系好安全带，扣好安全绳，安全绳要“高挂低用”，严禁“低挂高用”。

3）在高处不得扔物，大件工具需拴牢，防止掉落；地面监护人或指挥人，应和登高者统一联络信号，下方应设围栏，禁止无关人员进入。

4）在石棉瓦上作业时，应用固定跳板或铺瓦梯；在屋面斜坡、坝顶、吊桥、框架边沿及设备顶上等立足不稳处作业时，应搭设脚手架、栏杆或安全网。

5）高处预留孔、起吊孔的盖板或栏杆不得任意移动或拆除，禁止在孔洞附近堆物。如因检修必须移去时，应有防护措施，检修完毕后及时复原。

6）脚手架等登高设施必须牢固可靠，使用长梯、人字梯时要检查梯身有无缺陷，梯子下脚要有防滑措施；梯子的摆放角度要合适等。

(3) 高处坠落事故应急处置措施

1）颌面部伤伤员

首先应使伤员保持呼吸道畅通，清除移位的组织碎片、血凝块和口腔分泌物等，同时解开其颈、胸部纽扣。

2）脊椎骨伤伤员

创伤处用消毒的纱布或清洁布等覆盖，用绷带或布条包扎。搬运时，将伤员平卧放在帆布担架或硬板上，以免受伤的脊椎骨移位、断裂造成截瘫。

3）手足骨折伤员

应在骨折部位用夹板固定，使断端不再移位或刺伤肌肉、神经或血管。以固定骨折处上下关节为原则，就地取材，可使用木板、竹片等。

4）复合伤伤员

要使伤员采用平仰卧位，保持呼吸道畅通，解开其衣领纽扣。

5）周围血管伤伤员

压迫伤部以上动脉血管至骨骼，然后直接在伤口上放置厚敷料，绷带加压包扎以不出血和不影响肢体血循环为宜。

25. 电气事故预防与应急处置

（1）电气事故常见种类

1）触电事故

触电事故主要是由电流的能量造成的，触电是电流对人体造成的伤害，可以分为电击和电伤，绝大部分触电伤亡事故都含有电击的成分。与电弧烧伤相比，致命的电击电流小得多，但电流作用时间较长，而且在人体表面一般不留下明显的痕迹。

2）静电事故

静电指生产工艺过程中或工作人员操作过程中，由于某些材料的相对运动，如接触与分离等而积累起来的相对静止的正电荷和负电荷。这些电荷周围的场中储存的能量不大，不会直接致命。但是，静电电压可能高达数万伏乃至数十万伏，可能在现场发生放电，产生静电火花。在火灾和爆炸危险场所，静电火花是一个十分危险的因素。

3）雷电灾害

雷电是大气放电，是由大自然的力量分离和积累的电荷，也是在局部范围内暂时失去平衡的正电荷和负电荷。雷电放电具有电流大、电压高等特点，其能量释放出来可能产生极大的破坏力。雷击除可能毁坏设施和设备外，还可能直接伤及人、畜，还可能引起火灾和爆炸。

4）射频辐射危害

射频辐射危害即电磁场伤害。人体在高频电磁场作用下吸收辐射能量，会导致人的中枢神经、心血管等系统受到不同程度的伤害。射频辐射危害还表现为感应放电。

5）电路故障

电路故障是由电能传递、分配、转换失去控制造成的。断线、短路、接地、漏电、误合闸、误掉闸、电气设备或电气元件损坏等都属于电路故障，可能影响到人身安全。

（2）电气事故预防措施

1）防止接触带电部件

①绝缘。用绝缘材料把带电体封闭起来，绝缘性能与设备的电压、周围环境、运行条件相符合。②屏护。采用遮拦设施、护罩等把带电体同外界隔离开。③安全间距。在带电体与带电体、带电体与其他设备之间，保持一定的安全距离。

2）防止电气设备漏电伤人

①保护接地。把正常运行的电气设备不带电的金属部分和大地紧密连接起来。②保护接零。把用电设备在正常情况下不带电的金属外壳与电网中的零线紧密连接起来。

3）采用安全电压

根据生产和作业场所的特点，采用相应等级的安全电压，可根据作业场所、使用方式、供电方式、线路状况等选用，是防止发生触电伤亡事故的根本措施。

4）漏电保护装置

漏电保护装置又称触电保护器，在低压电网中发生电气设备及线路漏电或触电时，它可以立即发出报警信号并迅速自动切断电源，从而保护人身安全。

5）合理使用防护用具

绝缘防护用具可分为两类：一类是基本安全防护用具，如绝缘棒、绝缘钳等；另一类是辅助安全防护用具，如绝缘手套、绝缘（靴）鞋、绝缘台等。

6）安全用电组织措施

制订安全用电措施计划和规章制度，进行安全用电检查、教育和培训，组织事故分析，建立安全资料档案等。

（3）电气事故应急处置措施

1）发现有人触电后，应立即关闭开关、切断电源。同时，用木棒、皮带、橡胶制品等绝缘物品挑开触电者身上的带电物体。立即拨打报警电话。需防止触电者脱离电源后可能的摔伤，特别是当触电者在高处的情况下，应考虑采取防摔措施。

2）解开妨碍触电者呼吸的紧身衣服，检查触电者的口腔，清理口腔黏液，如有假牙，则应取下。

3）当触电者脱离电源后，应根据触电者的具体情况，迅速对症救护。现场应用的主要救护方法是人工呼吸法和胸外心脏按压法。应当注意，急救要尽快进行，不能单纯等候医生的到来，在送往医院的途中，也不能中止急救。

4）如有电烧伤的伤口，应包扎后到医院就诊。

26. 物体打击事故预防与应急处置

（1）物体打击事故常见种类

1）高处落物伤害

在高处堆放材料超高、不稳定造成散落，作业人员在作业时将工具、断砖等随手往地面抛掷，在同一垂直面立体交叉作业时上、下层间没有设置安全隔离层，起重吊装时材料散落造成落物伤害事故。

2）物料散落、倒塌伤害

物料堆放不符合安全要求，作业人员为求方便不注意安全，长杆件材料竖直堆放受振动不稳倒下，抬放物品时抬杆断裂等造成击、砸伤害事故。

3）崩出物伤害

爆破作业时安全覆盖和防护措施不完善，工地调直钢筋时没有可靠防护措施，作业时手柄断裂造成工具头飞出打击伤人等。

4）滚物伤害

基坑边堆物不符合要求，如砖、石、钢管等滚落到基坑、桩洞内造成基坑、桩洞内作业人员受到伤害。

（2）物体打击事故预防措施

1）高处作业时，禁止乱扔物料。清理楼内的物料应设溜槽或使用垃圾桶，手持工具和零星物料应随手放在工具袋内，严禁乱扔。

2）吊运大件要使用有防止脱钩装置的吊钩和卡环，吊运小件要使用吊笼或吊斗。

3）高处作业时，对斜道、过桥、跳板要明确专人负责维修、清理，不得存放杂物。

4）严禁操作带“病”设备。

5）排除设备故障或清理卡料前，必须停机。

6）放炮作业前，人员要隐蔽在安全可靠处，无关人员严禁进入作业区。

（3）物体打击事故应急处置措施

1）一旦有事故发生，首先要高声呼喊，通知现场安全员，马上拨打急救电话，并向上级领导及有关部门报告。

2）当发生物体打击事故后，尽可能不要移动伤者，尽量当场施救。抢救的重点放在颅脑损伤、胸部骨折和大量出血的伤员处置上。

3）发生物体打击事故后，应马上组织抢救伤者，首先观察伤者的受伤情况和部位以及伤害性质，如伤员发生休克症状，应首先处理。如遇呼吸、心搏停止者，应立即进行人工呼吸、胸外心脏按压；处于休克状态的伤员要使其保暖、平卧、少移动，并将下肢抬高约 20 度，尽快送医院进行抢救治疗。

4）如果出现颅脑损伤，必须维持伤员的呼吸道通畅。昏迷者应平卧，面部转向一侧，以防舌根下坠或分泌物、呕吐物吸入，发生喉阻塞。有骨折者，应初步固定后再搬运。遇有头部凹陷骨折、严重的颅底骨折及严重的脑损伤症状出现，创伤处用消毒的纱布或清洁布等覆盖，再用绷带或布条包扎后，及时就近送往有条件的医院治疗。

5）重伤人员应马上送往医院救治。一般伤员在等待救护车的过程中，要有人在大门口迎接救护车，按预定程序处理事故，最大限度地减少人员伤害程度和财产损失。

27. 坍塌事故预防与应急处置

（1）坍塌事故常见种类

1）土方坍塌

基坑、基槽开挖没有按规定放坡，基坑支护没有经过设计或施工时没有按设计要求支护；支护材料质量差而造成支护变形、断裂；边坡顶部荷载大；排水不通畅，造成坡面受水浸泡产生滑动等，均易造成土方坍塌。

2）房屋拆除坍塌

施工队伍力量薄弱，管理不到位；作业人员素质低；拆除工程不编制施工方案和技术措施，盲目蛮干、野蛮施工等，均易造成房屋拆除坍塌。

3）脚手架倒塌

未按规定编制施工方案，未执行安全技术措施和验收制度；架子工特种作业人员未持证上岗；脚手架搭设不规范，特别是相邻杆件接头、剪刀撑、连墙点的设置不符合要求，均易造成脚手架倒塌。

4）楼板、梁等结构和雨篷等坍塌

楼板上面堆放物料过多，使荷载超过楼板的设计承载力而断裂；过早拆除钢筋混凝土楼板、梁构件和雨篷等的模板或支撑混凝土强度不够，均易造成楼板、梁等结构和雨篷等坍塌。

（2）坍塌事故预防措施

1）严禁采用挖空底脚的方法进行土方施工。

2）基础工程施工前要制定有针对性的施工方案，根据土质的情况设置安全边坡或固壁支撑，当基坑深度超过 5 米要有专项支护设计。

3）作业人员必须严格遵守安全操作规程，不准拆移固壁支撑或其他支护设施。

4）经常查看边坡和支护情况，发现异常应及时采取措施，并通知地下作业人员撤离。作业人员发现边坡大量掉土，支护设施有声响时，应立即撤离。

5）加强对脚手架的日常维护，重点检查架体基础变化、支撑及结构连接的受力情况。

6）当脚手架的前部基础沉陷或施工需要掏空时，应根据具体情况采取加固措施。

7）当隐患危及架体稳定时，应立即停止使用，并制定针对性措施，限期加固处理。

8）支搭与拆除作业要严格按规定和作业程序进行。

(3) 坍塌事故应急处置措施

1）摸清情况，及时报告

应及时了解和掌握现场的整体情况，并向上级领导报告。同时，根据现场实际情况，拟定坍塌救援实施方案，在现场实行统一指挥和管理。

2）设立警戒，疏散人员

坍塌发生后，应及时划定警戒区域，设置警戒线，封锁事故路段的交通，隔离围观群众，严禁无关车辆及人员进入事故现场。

3）迅速开展侦查

派遣搜救小组进行搜救，应对如下几个重要问题进行询问和侦查：

①坍塌部位和范围，可能涉及的受害者人数。

②可能受害者或现场失踪人员所处位置。

③受害者存活的可能性。

④展开现场施救需要的人力和物力方面的帮助。

⑤坍塌现场的火情状况。

⑥现场二次坍塌的危险性。

⑦现场可能存在的爆炸危险性。

⑧现场施救过程中其他方面潜在的危险性。

4）切断气、电和自来水水源，并控制火灾或爆炸

建筑物坍塌现场到处可能缠绕着拉断的带电电线电缆，随时威胁着被埋压人员和施救人员的安全；断裂的燃气管道泄漏的气体既会形成爆炸性气体混合物，又会增强现场火灾的火

势；从断裂的供水管道流出的水能很快将地下室或现场低洼的坍塌空间淹没。因此，要责令当地的供电、供气、供水部门的检修人员立即赶赴现场，通过关断现场附近的局部总阀或开关消除危险。

5）现场清障，开辟进出通道

迅速清理进入现场的通道，在现场附近开辟救援人员和车辆集聚空地，确保现场拥有一个急救场所和一条供救援车辆进出的通道。

6）搜寻坍塌废墟内部空隙存活者

完成对在坍塌废墟表面受害者的救援后，应立即实施倒塌废墟内部受害者的搜寻，因为有火灾的坍塌现场，烟火同样会很快蔓延到各个生存空间。搜寻人员最好要携带一支水枪，以便及时驱烟和灭火。

7）清除局部坍塌物，实施局部挖掘救人

清除现场废墟上的坍塌物可能触动那些不稳定的承重构件，引起现场的二次坍塌，使被压埋者再次受伤。因此清理局部坍塌物之前，要制定初步的方案，行动要极其细致谨慎，要尽可能地选派有经验或受过专门训练的人员承担此项工作。

8）坍塌废墟的全面清理

在确定坍塌现场再无被埋压的生存者后，才允许进行坍塌废墟的全面清理工作。

28. 机械伤害事故预防与应急处置

(1) 机械伤害事故常见种类

1）机械设备零部件做旋转运动时造成的伤害事故

一般来说，机械设备中做旋转运动的零部件具有很大的动能，如果与人接触，足以导致人员伤害甚至造成死亡。旋转运动造成伤害事故的主要形式是绞伤和物体打击。

2）机械设备零部件做直线运动时造成的伤害事故

做直线运动的零部件在一定条件下还具有势能，例如行车的升降机构在做直线运动提升时，吊钩及其所吊的重物就具有势能。由直线运动造成的事故主要有压伤、砸伤和挤伤。

3）刀具造成的伤害事故

刀具产生的切屑往往也会造成较为严重的伤害，这些伤害的主要形式有：

①烫伤。刚切下的切屑具有很高的温度，可达 600～700 ℃，如果接触手、脚以及脸部的皮肤，就会造成烫伤；如果接触眼睛，严重时可能造成失明。

②刺伤、割伤。由于各种金属切屑都有锋利的边缘，接触的皮肤时可造成割伤或划伤。最严重的是切屑飞入眼睛内，可能造成失明。

4）被加工零件造成的伤害事故

这类伤害事故主要包括：被加工零件固定不牢甩出伤人；被加工零件在吊运和装卸过程中，可能造成砸伤，特别是笨重的大零件，若吊不牢、放不稳，就可能发生倾斜或者坠落，造成人员砸伤、压伤。

5）手持工具造成的伤害事故

这类伤害事故主要包括：手锤的锤头有卷边或毛刺，当手锤敲打时，卷边或毛刺就可能被击落飞出伤人；此外，若手锤的手柄没有安装牢固，也可能造成锤头飞出伤人事故；使用没有木柄的锉刀可能会刺伤手心、手腕；手锯的锯条安装过紧或过松，或使用时用力过猛，可能造成锯条折断伤人。

6）电气系统造成的伤害事故

这类伤害事故主要包括：电气系统出现故障，作业人员擅自修理导致触电；电气部件绝缘损坏或绝缘效果不好，导致机械设备外壳带电，而防护性接地或接零装置因未接牢或断裂而失去作用，导致操作者触电；使用开关、按钮、馈电导线等，没有防护装置遮盖或防护装置损坏，造成某些元器件带电裸露在外，从而导致操作者触电；局部照明未按规定采用 36 伏电源，而使用 220 伏电源，从而导致严重的电击伤害事故；未按规定规范安装临时线，导致人员触电。

7）其他伤害事故

一些机械设备在使用时可能伴随着强光、高温，或是释放辐射、化学能以及尘毒危害物质等，这些都可能造成人员伤害事故。

（2）机械伤害事故预防措施

1）必须正确穿戴劳动防护用品，该穿戴的必须穿戴，不该穿戴的就一定不要穿戴。例如机械加工时要求女工戴防护帽，如果不戴就可能将头发绞进去；同时要求不得戴手套，如果戴了，机械的旋转部分就可能将手套绞进去，将手绞伤。

2）操作前要对机械设备进行安全检查，而且要空车运转一下，确认正常后，方可投入运行。

3）机械设备在运行中也要按规定进行安全检查，特别是检查紧固的物件是否由于振动而松动，以便重新紧固。

4）机械设备严禁带故障运行，千万不能凑合使用，以防出事故。

5）机械设备的安全装置必须按要求正确调整和使用，不准将其拆掉不用。

6）机械设备使用的刀具、工夹具以及加工的零部件等一定要装卡牢固，不得松动。

7）机械设备在运转时，严禁用手调整，也不得用手测量零件，或进行润滑、清扫杂物等工作。如必须进行时，应首先关停机械设备。

8）机械设备运转时，作业人员不得离开工作岗位，以防发生问题时，无人处置。

9）工作结束后，应关闭开关，把刀具和工件从工作位置退出，并清理好工作场地，将零件、工夹具等摆放整齐，打扫好机械设备的卫生。

（3）机械伤害事故应急处置措施

发生施工机械意外伤害事故后，首先要使伤员脱离产生伤害的物体，确保伤员呼吸道畅通，止住出血和防止休克；其次处理骨折；最后处理一般伤口。

如果伤员一次出血量达全身血量的 1/3 以上时，就会有生命危险，因此及时止血是非常重要的。可用现场物品如毛巾、纱布、工作服等立即采取止血措施，如果创伤部位有异物且不在重要器官附近，可以拔出异物，处理好伤口。如无把握不要随便将异物拔掉，应由专业医护人员来检查、处理，以免伤及内脏及较大血管，造成大出血。

第 6 章

矿山行业常见事故预防与应急处置

29. 矿井火灾事故预防与应急处置

（1）矿井火灾事故常见种类

矿井火灾按照发火原因的不同可分为内因火灾和外因火灾：内因火灾是由于可燃物质自燃引起的火灾，一般发火源比较隐蔽，不易被发现，灭火困难；外因火灾是由外来火源引起的火灾，主要原因有明火、电气故障、违章爆破、瓦斯或煤尘爆炸、撞击火花、摩擦生热等。外因火灾的特点是发生突然、来势凶猛，且发生的时间与地点出乎人们的意料，由于没有思想准备，易造成人们因惊慌失措而酿成恶性事故。

（2）矿井火灾事故预防措施

1）井筒、井底车场、主要巷道和硐室等采用不燃性材料支护。

2）正确设置消防材料库：地面消防材料库应设置在井口附近，并有铁路直通井口，不得设在井口房内；井下消防材料库应设在井底车场或主要运输大巷中；消防材料库储存的材料、工具应有专人定期检查和更换。

3）为了避免地面火灾传入井下，应在进风口和出风平硐口设置防火铁门，否则，必须设有防止烟火进入井筒的安全措施。

4）设置消防水池和井下防水管路系统，并满足消防的要求；严格对炸药库照明、防潮设施进行检查。

5）禁止在井口与井下使用明火，井下易燃废弃物要及时运出地面。井下禁止使用电热器与灯泡取暖和烤物。井筒内进行焊接等作业时，要有专人监护，停止其他作业。

（3）矿井火灾事故应急处置措施

矿井下发现烟雾或明火，若确认发生火灾，要立即报告调度室，同时在救火时应注意下列事项：

1）灭火时，要有充足的水量，应先从火源外围逐渐向火源中心喷射水流，同时要保持正常通风，以便及时将高温气体和蒸汽排出。用水扑救电气设备火灾时，首先要切断电源，但不宜用水扑灭油类火灾。灭火人员不准处于火源的回风侧，以免烟气伤人。

2）如果火势过大已无法扑灭，或者其他地区发生火灾接到撤退命令时，要组织避灾和自救。此时要迅速戴好自救器，有组织地撤退。处在火源上风侧的人员，应逆着风流撤退。处在火源下风侧的人员，如果火势小，可迅速穿过火区到火源上风侧或顺风撤退，但必须找到捷径，尽快进入新鲜风流中撤退。撤退时应迅速果断、忙而不乱，同时要随时注意观察巷道和风流的变化情况，谨防火风压可能造成的风流逆转。

3）如果巷道内已有烟雾但不大时，戴好自救器或用湿毛巾捂住口鼻，尽量躬身弯腰，低头快速前进。烟雾大时，应贴着巷道底和巷道壁，摸着铁道或管道快速爬出，迅速撤离。当有烟且视线不清的情况下，应摸着巷道壁、支架、管道或铁道前进，以免错过通往新鲜风流的连通出口。

4）在高温浓烟巷道中撤退时，应将衣服、毛巾打湿进行降温，利用随身物品遮挡头面部，防止高温烟气刺激呼吸道。万一无法撤离灾区时，应迅速进入避难硐室，或者就近找一个硐室或其他较安全地点进行避灾和自救，等待救援。

5）因灾害破坏了巷道中的避灾路线指示牌、迷失了行进的方向时，撤退人员应朝着有风流通过的巷道方向撤退。在撤退沿途和所经过的巷道交叉口，应留设指示行进方向的明显标志，以引起救援人员的注意。

6）在唯一的出口被封堵而无法撤退时，应在现场管理人员或有经验的老工人的带领下进行灾区避灾和自救，等待救援人员前来营救。

30. 爆破事故预防与应急处置

（1）爆破事故常见种类

在进行爆破作业时，职工违反《爆破安全规程》和《金属非金属矿山安全规程》等有关规定而造成的事故，主要有以下五种类型：

1）盲炮处理不当造成的事故

在爆破工作中，由于各种原因造成起爆药包（雷管或导爆索）瞎火拒爆和炸药未爆的现象叫作盲炮。误触盲炮、打残眼或震动摩擦等往往会引起盲炮爆炸，造成重大伤亡事故。

2）爆破后过早进入现场引起的事故

炸药燃烧时会放出大量有毒气体，过早进入现场会造成炮烟中毒事故。

3）爆破时警戒不严造成事故

警戒不严或爆破信号标志不明确，以及安全距离不够，也会引发爆炸事故。

4）早爆事故

早爆事故是指在爆破工作中，因操作不当或因受某些外来特殊能量作用造成雷管或炸药比计划时间提前爆炸。

5）相向掘进巷道时的事故

当两条相向掘进的巷道即将贯通时，仍旧同时爆破，也会造成伤亡事故。

（2）爆破事故预防措施

1）对于爆破器材，要妥善保管，严格检验，防止使用技术性能不符合要求的爆破器材，对不同燃速的导火索应分批使用。

2）提高爆破设计质量，设计内容应包括炮孔布置、起爆方式、延期时间、网路敷设、起爆电流、网路检测等。对于重要的爆破，必要时应进行网路模拟试验。

3）改善爆破操作技术，保证施工质量。火雷管起爆要保证导火索与雷管紧密连接，雷管与药包不能脱离。电力起爆要防止漏接、接错和折断脚线，并经常检查开关、插销和线路接头是否处于良好状态。

4）在有水的工作面或水下爆破时，应采取可靠的防水措施，避免爆破器材受潮，最好采用防水炸药。对起爆器材应进行深水防水试验，并在连接部位采取绝缘措施。

(3) 爆破事故应急处置措施

1）矿井下一旦发生爆炸事故，现场班组长、跟班干部要立即组织人员正确佩戴好自救器，引领人员按避灾路线到达最近新鲜风流中，第一时间向矿调度室报告事故地点、现场灾难情况，同时向所在单位值班人员报告。

2）因灾难破坏了巷道中的避灾路线指示牌、迷失了行进的方向时，撤退人员应朝着有风流通过的巷道方向撤退。在撤退沿途和所经过的巷道交叉口，应留设指示行进方向的明显标志，以提示救援人员的注意。

3）在撤退途中听到或感觉到爆炸声或有空气震动冲击波时，应立即背向声音和气浪传来的方向，脸向下，双手置于身体下面，闭上眼睛，迅速卧倒。头部要尽量放低，有水沟的地方最好躲在水沟边上或坚固的掩体后面，用衣物遮盖身体的裸露部分，以防火焰和高温气体灼伤皮肤。

4）撤离时要正确佩戴好自救器，快速撤离，但不能慌乱，尽量低姿或匍匐前行。在唯一的出口被封堵而无法撤退时，应有组织地进行灾区内避灾，以等待救援。

31. 透水事故预防与应急处置

(1) 透水事故常见原因

造成矿井透水的主要水源有地表水、地下含水层、老空水、断层导水、岩溶陷落柱水等。矿井发生水灾是由多种因素共同作用的结果，归纳起来主要有三个方面：一是自然因素；二是技术原因；三是人的行为。其中导致矿井发生水害的人的行为有：人们对水害的认识程度不够；业务人员技术水平不高；经营者只顾眼前利益、乱采乱掘、忽视安全、防治水投资不足；从业人员以及管理人员不懂水害规律、不知透水预兆，有的即便发现了透水预兆，但存有侥幸心理，冒险作业等。

（2）透水事故预防措施

1）探水前做好准备工作。

2）对地质条件复杂的矿山，在接近水体且有断裂层的地带或与水体有联系的可疑地段，必须坚持“有疑必探，先探后掘”的原则。

3）打探水孔时，如发现岩石变软（发松），水量异常，必须查明原因再进行掘进。

4）探放水的工作人员必须有丰富的经验。

5）被淹井巷进行探水、排水、放水前必须通风，防止有害气体伤人。

（3）透水事故应急处置措施

1）当井下发生透水事故时，灾区人员应以最快的速度通知附近地区工作人员一起按照规定的避灾路线撤出，现场班组长、跟班干部要立即组织人员按避水路线安全撤离到新鲜风流中。撤离前，应设法将撤退的行动路线和目的地告知调度室，到达目的地后再报调度室，切不可进入低于透水点水平的附近的独头巷道。由于发生透水时水势很猛、冲力很大，现场人员应立即避开出水口和泄水流，躲避到硐室内、巷道拐弯处或其他安全地点。

2）撤退中，如因冒顶或积水造成巷道堵塞，可寻找其他安全通道撤出。在唯一的出口被封堵无法撤退时，应在现场管理人员或有经验的老职工的带领下进行避灾，等待救援人员的营救，严禁盲目潜水等冒险行为。当避灾处低于外部水位时，不得打开水管、压风管供风，以免水位上升。必要时，可设置挡墙或防护板，阻止涌水和有害气体的侵入。避灾处外口应留衣物、矿灯等作为标志，以便营救人员发现。

3）人员撤出透水区域后，应立即将防水闸门紧紧关死，以隔断水流。在撤退行进中，应靠巷道一侧，抓牢支架或其他固定物，尽量避开压力水头和泄水主流，要防止被水流夹带的矸石、木料撞伤。如巷道中照明和路标被破坏，迷失了前进方向，应朝有风流的上山方向撤退，在撤退沿途和所经过的巷道交叉口，应留设指示行进方向的明显标志。从立井梯子向上爬时，应有序进行，手要抓牢，脚要蹬稳。

32. 冒顶事故预防与应急处置

（1）冒顶事故常见种类

在井下冒顶事故中，回采工作面冒顶事故发生较为频繁，其次是掘进工作面。按照顶板一次冒落的范围及造成伤亡的严重程度，常见冒顶事故大致可分为两大类：

1）大冒顶

掘进工作面不断向前推进，采场空顶面积便逐步增大，当厚度不大的直接顶逐渐塌落，而坚硬的老顶大面积悬露时，在工作面顶板岩层形成一个自然压力拱，煤壁受压发生变化，造成工作面压力集中。在这种情况下，如果工作面支架对顶板的总支撑力不能与维持顶板稳定下沉的要求相适应，就会出现大冒顶。

2）局部冒顶

局部冒顶的发生主要决定于顶板的岩石性质以及支架对每一块顶板的支撑力。当顶板破碎、节理发育时，不进行支护，就会发生冒顶，在地质条件变化的区域，也易发生冒顶。有时尽管顶板比较稳定，但忽视支架规格质量，违反操作规程，也会引起局部冒顶。

（2）冒顶事故预防措施

1）大冒顶事故的预防措施

①回采工作面要适当加大支护密度。回采工作面要适当加大支护密度以加强工作面的总支撑力，减少下沉量，尽可能使顶板保持完整，这样可减少或消除冒顶事故。但支架过多，会导致其架设和回收工作量大，工作面空间狭小，具体要根据实际情况而定。

②掌握顶板周期来压规律。在工作中要探索顶板来压规律，如果支架总支撑力只能适应当时顶板压力，当有周期来压时就会出现危险，因此在来压前要加强支护，增加支架。

③加快工作面推进速度。工作面推进速度越慢，顶板下沉量就越大，顶板不完整，使用木支架折损较多。使用金属支架

可有效减小折损率，这就容易推进工作面，而加快工作面推进速度时，可相对增大总支撑力。

④保证支架的规格和质量。冒顶与支架规格质量有直接关系，在具体工作中要解决支架“顶不紧”“抗不住”，起不到支撑作用的问题，使用的支架必须符合安全生产中工艺条件的质量要求。

2）局部冒顶事故的预防措施

①选择合理的支护方式。不同岩石性质的顶板，要采用不同的支护方式，如坚硬顶板可采用锚杆或戴帽锚杆，破碎的顶板需要用连锁棚架，在梁架上还要插入背板。

②回采后要及时支护。采用空场采矿法时，顶板暴露面积较大，因此要严格按照设计要求留下矿柱或采用打临时锚杆的方法及时支护。

③回采和支护工作必须严格按照操作规程和作业程序进行，不得违章操作。

（3）冒顶事故应急处置措施

1）发生冒顶事故后，现场班组长、跟班干部要根据现场情况，判断冒顶事故发生地点、灾情、原因、影响区域等，及时进行现场处置。如无第二次大面积顶板动力现象发生，应立即组织对受困人员进行施救，防止事故扩大。

2）现场救援人员必须在巷道通风、后路畅通、现场顶帮维护良好的情况下方可施救，施救过程中必须安排专人进行顶板观察、监护。当出现大面积顶板来压等异常情况或通风不良时，救援人员必须立即撤离到安全地点。

3）抢救被埋人员时，要首先加固冒顶地点周围的支架，确保抢救中不会再次冒顶，并预留好安全退路，保证救援人员的自身安全，然后采取措施，对冒顶处进行支护，在确保巷道不再垮塌的安全条件下，将遇险人员救出。在救护被埋压人员时，要首先清理遇险人员的口鼻堵塞物，以保持其呼吸系统畅通。

4）对现场受伤人员应根据实际情况开展救护工作，对于轻伤者应现场对其进行包扎，并抬放到安全地带；对于骨折人员不要轻易挪动，要先实施固定措施；对于出血伤员要先止血，等待救援人员的到来。

5）发生冒顶事故后，在抢救人员时，可使用呼喊、敲击或采用生命探测仪探测等方法，判断遇险人员位置，保持与遇险人员的联系，鼓励其配合抢救工作。在支护好顶板的情况下，用绕道通过垮落区或使用矿山救护轻便支架穿越垮落区的方法接近被埋、被堵人员。

33. 中毒和窒息事故预防与应急处置

(1) 中毒和窒息事故常见原因

地下矿山采掘作业中，需用炸药进行爆破作业，以开拓井巷或爆破采矿。爆破作业会产生大量的炮烟，炮烟中含有有毒有害气体，其主要成分有一氧化碳、二氧化碳、氢气、一氧化氮、氰化氢、甲烷、氨气、二氧化硫、二氧化氮、硫化氢等，这些气体的危害性极大。当人体吸入一定量的有毒气体之后，轻则引起头痛、心悸、呕吐、四肢无力、晕厥，重则使人发生痉挛、呼吸停顿。

引起炮烟中毒和窒息的原因主要有：

1）通风设计不合理，炮烟长时间在作业面滞留，独头掘进巷道没有局部机械通风，未做到新风有来路污风有出路，或盲巷、采空区、硐室通风的时间过短等。

2）警戒标志不合理或没有标志，人员意外进入通风不畅、长期不通风的盲巷、采空区、硐室等。

3）意外的风流短路，人员意外进入炮烟污染区并长时间停留，意外的停风或主通风机未开等。

（2）中毒和窒息事故预防措施

1）炮烟消除技术措施

在井巷爆破掘进过程中，应根据工作面的实际情况优选炸药品种和严格控制一次起爆药量。如井巷工作面存在积水时，应选用抗水型炸药，防止因炸药受潮影响爆炸稳定传播，从而产生大量有毒气体。对于低温冻结井施工，应选用防冻型炸药，否则炸药会因不完全爆炸产生大量有毒气体。爆破产生的有毒气体量与炸药用量成正比，因此严格控制起爆药量，可以有效降低有毒气体的生成量。

2）炮烟净化技术措施

①选用中和剂。在爆破后的工作面巷道中，用压缩机喷射筛过的熟石灰，以消除二氧化氮。

②采用气体净化装置。采用带空气过滤器的气体净化装置，过滤器中装有粒度为 3 毫米的霍加拉特剂及粒度为 3~5 毫米的碱石灰，将装置放到工作面并开动风机，使炮烟中的一氧化碳和二氧化氮与过滤器里的化学药剂作用生成二氧化碳而

被吸收。

3）个体防护

由于地下矿山生产的特殊性，入井人员必须随身携带过滤式自救器。过滤式自救器应符合国家标准相关规定。

（3）中毒和窒息事故应急处置措施

1）现场人员出现头晕头痛、耳鸣、心搏加快、呕吐、呼吸困难、剧烈咳嗽等疑似中毒、窒息的症状时，应立即佩戴自救器向通风良好的安全地点转移，已中毒、窒息人员在其他人员帮助下进行转移。到达安全地点后应立即对中毒、窒息人员开展人工呼吸等救护工作，并向调度室报告。

2）及时撤出井下人员。调度室接到事故报警后，应立即通知井下受威胁区域的人员撤离，通知救护队赶赴事故地点进行救援，向矿领导报告事故情况，并按照要求向上级有关部门报告。

3）采取有效措施，组织开展救援。矿井应保证主要通风机正常运转，保持压风系统正常。矿井负责人应迅速组织开展救援工作，采取一切可能的措施，积极抢救被困遇险人员，防止事故扩大。

4）发生瓦斯窒息事故，应远距离切断灾区电源。当灾区有被水淹的危险时，应加强通风，特别要加强有电气设备处的通风。处理二氧化碳、氮气窒息事故时，必须对灾区加大风量，迅速抢救遇险人员。硫化氢对呼吸中枢有麻痹作用，遇险人员会出现呼吸停止，但心脏尚在搏动的情况。硫化氢中毒时，不宜进行口对口呼吸，以压胸法为宜。

5）若重度中毒者撤离至安全地带时已休克或呼吸、心搏已停止，则应采取自动苏生器和人工胸外心脏按压等心肺复苏方法进行抢救。在送往医院救治过程中，人工胸外心脏按压不得停止，若中毒者能自主进行呼吸，则立刻使其吸氧，并保持其处于放松状态，要注意保持中毒者体温。

6）救援人员在进行必要的现场急救后，应以最快速度将中毒、窒息人员送往医院治疗。

第 7 章

化工行业常见事故预防与应急处置

34. 化工火灾、爆炸事故预防与应急处置

(1) 化工火灾、爆炸事故常见种类

1）可燃气体泄漏引发火灾、爆炸事故

由于可燃气体外泄容易与空气形成爆炸性混合气体，因此，可燃气体的泄漏就容易造成火灾、爆炸事故。可燃性气体泄漏有以下几种情况：

①设备的动、静密封处泄漏。

②设备管道腐蚀泄漏。

③水封因断水、未加水跑气泄漏。

④设备管道阀门有缺陷或断裂造成泄漏。

2）违章动火引发火灾、爆炸事故

①未申请动火证又无动火安全知识，私自动火。

②虽申请动火证，但未置换彻底或取样方法不对，分析结果错误。

③动火安全措施考虑不周。

④动火现场安全条件未严格确认。

⑤动火系统与其他系统未彻底隔绝。

⑥私自变更动火证上的安全措施或更改动火时间。

⑦不置换动火或未维持正压动火。

(2) 化工火灾、爆炸事故预防措施

1）危险化学品仓库应根据其储存的危险化学品特性、仓

库条件和经营规模的大小配备足够的消防设施和器材，应有消防水池、消防管网和消防栓等消防设施，并配备经过培训的兼职或专职消防人员。

2）储存危险化学品的建筑物内，应根据仓库条件安装自动监测和火灾报警系统。

3）储存危险化学品的建筑物内，如条件允许，应安装灭火喷淋系统（遇水燃烧危险化学品，不可用水扑救的火灾除外）。

4）危险化学品储存企业应设有安全保卫组织，危险化学品仓库应有专职或义务消防、警卫队伍。无论专职还是志愿消防队伍都应制定灭火预案并进行消防演练。

（3）化工火灾、爆炸事故应急处置措施

1）化工火灾事故应急处置注意事项

①在火灾尚未扩大到不可控制之前，应尽快用灭火器来控制初期火灾。迅速关闭火灾部位的上下游阀门，切断进入火灾事故地点的一切物料，然后立即启用现有各种消防装备扑灭初期火灾并控制火源。

②为防止火灾危及相邻设施，必须及时采取冷却保护措施，并迅速疏散受火势威胁的人员和物资。有的火灾可能造成易燃液体外流，这时可用沙袋或其他材料筑堤拦截流淌的液体或挖沟导流，将物料导向安全地点。必要时用毛毡、湿草帘堵住下水井、窨井口等处，防止火焰蔓延。

③扑救危险化学品火灾决不可盲目行动，应针对每一类化学品，选择正确的灭火剂和灭火方法。必要时采取堵漏或隔离措施，预防次生灾害的发生。当火势被控制住以后，仍然要派

人监护、清理现场、消灭余火。

2）化工爆炸事故应急处置注意事项

化工厂发生火灾时，往往会引发爆炸事故，其应急处置应该注意以下几点：

①迅速判断和查明再次发生爆炸的可能性和危险性，紧紧抓住爆炸后和再次发生爆炸之前的有利时机，尽可能采取一切措施，防止再次爆炸。

②在有疏散可能，且人身安全有可靠保障的情况下，应迅速组织力量及时疏散着火区域周围的爆炸物品，在着火区周围形成一个隔离带。

③灭火人员应尽量利用现场现成的掩蔽体，尽量采用卧姿或低姿射水等方式采取自我保护措施。消防车辆应远离距离爆炸物品太近的水源。

④灭火人员发现有发生再次爆炸的危险时，应立即向现场指挥人员报告，现场指挥人员应迅速做出准确判断，确有发生再次爆炸征兆或危险时，应立即下达撤退命令。灭火人员看到或听到撤退信号后，应迅速撤至安全地带，来不及撤退时，应就地卧倒。

35. 化学灼伤事故预防与应急处置

(1) 化学灼伤事故常见种类

化工生产中经常会使用到具有腐蚀性、氧化性、还原性的化学物质作为原料，一旦接触人的皮肤、眼睛或进入呼吸道、消化道后就立即同表皮细胞组织发生化学反应，使细胞组织受到破坏而造成烧伤。根据化学物质的性质，化学灼伤事故可分为以下几种：

1）强酸灼伤

无机酸一般具有强氧化性，如硝酸、硫酸等，会使皮肤脱水、炭化，它产生的灼伤一般比较严重。有机酸的腐蚀性较小，对皮肤灼伤程度较轻，但能通过皮肤吸收到体内引起中毒或损坏局部组织。例如：皮肤接触氢氟酸后，表皮损伤并不严重，但氢氟酸会侵蚀骨骼中的钙而造成严重后果。

2）强碱灼伤

碱烧伤后形成脂肪皂化，并可产生可溶性碱性蛋白，故对皮肤局部创面有继续损害的过程。一般来说，碱性越强腐蚀性越强，产生的灼伤越严重。例如具有强碱性的氢氧化钠有分解蛋白质的作用，能溶解皮肤、毛发等活体组织，极短的时间就会造成严重的伤害。

3）其他灼伤

有一些活泼元素也能产生化学灼伤，如钠、磷等，常温下能够在空气中自燃，触及皮肤也会产生灼伤，并可能引起中毒反应。此外，电气设备使用不当也会发生电击伤等灼伤。

（2）化学灼伤事故预防措施

1）腐蚀品的包装

应选用耐腐蚀的容器，并按所装物品状态采用气密封口、液密封口或严密封口，防止泄漏、潮解或撒漏。外包装必须坚固。

2）腐蚀品的装卸与搬运

作业前应穿戴耐腐蚀的防护用品，进行易散发有毒蒸气或烟雾的腐蚀品装卸作业，还应备有防毒面具。

3）腐蚀品的存放与保管

应存放在清洁、通风、阴凉、干燥场所，防止日晒、雨淋。

4）腐蚀品的撒漏处理

发现有液体酸性腐蚀品撒漏时，应及时撒上干沙土，清除干净后，再用水冲洗污染处。大量酸液溢漏时，可用石灰水中和。

(3) 化学灼伤事故应急处置措施

1）化学性皮肤烧伤

①立即移离现场，迅速脱去被化学物污染的衣裤、鞋袜等。

②立即用大量清水或自来水冲洗创面 10~15 分钟。

③新鲜创面上不要任意涂抹油膏或红药水。

④视烧伤情况送医院治疗，如有合并骨折、出血等外伤要在现场及时处理。

2）化学性眼烧伤

①迅速在现场用流动清水冲洗。

②冲洗时眼皮一定要掰开。

③如无冲洗设备，可把头埋入装满水的清洁水盆中，掰开眼皮，转动眼球洗涤。

36. 危险化学品泄漏事故预防与应急处置

(1) 危险化学品泄漏事故常见种类

1）系统负压造成可燃气体泄漏

①系统停车后温度下降造成负压，由敞口吸入空气。

②系统停水后水封水因泄漏失去作用而导致空气吸入。

③操作失误，联系不当，报警联锁装置不全或失灵，造成气体抽送不平衡而至负压，由敞口或泄漏处吸入空气。

④气体入口管线被杂物、结晶体或水堵塞，造成抽负，由敞口或泄漏处吸入空气。

⑤用空气作试压、试漏时，系统可燃物未清除干净、未加盲板，造成可燃气体与空气混合。

2）系统串气

①操作失误及低压无安全附件或安全附件失灵。

②盲板抽堵错误，用阀门代替盲板或操作失误。如某设备动火，内为空气，因系统未用盲板隔离，可燃性气体由阀门漏入或者失误打开阀门，使可燃性气体进入动火设备，与空气混合造成爆炸。

3）交通运输引发危险化学品泄漏。运输单位不按规定申办准运手续，驾驶员、押运员未经专门培训，运输车辆达不到规定的技术标准，超限超载、混装混运，不按规定路线、时段运行，甚至违章驾驶等，都极易引发交通运输事故而导致危险化学品泄漏。

(2) 危险化学品泄漏事故预防措施

1) 储存危险化学品必须遵照国家法律、法规和其他有关的规定。

2) 危险化学品必须储存在经公安部门批准设置的专门的危险化学品仓库中，经销部门自管仓库储存危险化学品及储存数量必须经公安部门批准。

3) 危险化学品露天堆放，应符合防火、防爆的安全要求，爆炸物品、一级易燃物品、遇湿燃烧物品、剧毒物品不得露天堆放。

4) 储存危险化学品的仓库必须配备有专业知识的技术人员，其库房及场所应设专人管理，管理人员必须配备可靠的个人防护用品。

5) 储存的危险化学品应有明显的标志。

6) 必须采用正确的储存方式。

7) 根据危险品性能分区、分类、分库储存，各类危险品不得与禁忌物料混合储存。

8) 储存危险化学品的建筑物、区域内严禁吸烟和使用明火。

(3) 危化品泄漏事故应急处置措施

1) 进入泄漏现场的注意事项

①进入现场的救援人员必须佩戴必要的个人防护用品。

②如果泄漏物是易燃易爆的，事故中心区应严禁火种，切断电源，禁止车辆进入，并立即在边界设置警戒线。

③如果泄漏物是有毒的，应使用专用防护服、隔绝式呼吸

器，并立即在事故中心区边界设置警戒线。

④应急处理时严禁单独行动，要有监护人员，必要时用水枪、水炮掩护。

2）泄漏物处理方法

①围堤堵截。筑堤堵截泄漏液体或者将其引流到安全地点。储罐区发生液体泄漏时，要及时关闭雨水阀，防止物料沿明沟外流。

②稀释与覆盖。向有害物蒸气云喷射雾状水，加速气体向高空扩散。对于可燃物，也可以在现场施放大量水蒸气或氮气，破坏燃烧条件。对于液体泄漏，为降低物料向大气中的蒸发速度，可用泡沫或其他覆盖物品覆盖外泄的物料，在其表面形成覆盖层，抑制其蒸发。

③收集。对于大规模泄漏事故，可选择用隔膜泵将泄漏出的物料抽入容器内或槽车内；当泄漏量小时，可用沙子、吸附材料、中和材料等吸收中和。

④废弃。将收集的泄漏物运至废物处理场所处置，用消防水冲洗剩下的少量物料，冲洗水排入污水系统处理。

37. 化学中毒事故预防与应急处置

(1) 化学中毒事故常见种类

1）气体中毒：窒息性气体如一氧化碳、氰化物；刺激性气体如氮氧化物、氯、氨、二氧化硫、硫酸二甲酯等。

2）有机溶剂中毒：苯胺、三硝基甲苯，以及有机磷农药等。

引起化学事故的物质一定要有基本条件，即毒物易弥散，且易与人体接触。在化工、石油化工、石油等产业中应用和接触十分广泛和密切的都是常见的有害气体。由于刺激性气体遇水即可生成酸或碱，腐蚀性很强，常使设备、管线损坏，发生跑、冒、滴、漏，外逸的气体极易通过呼吸道进入人体而导致中毒。

（2）化学中毒事故预防措施

1）消除毒物

从生产工艺流程中消除有毒物质，优先采用先进的生产工艺、技术和无毒或低毒的原材料，消除或减少化学性职业病危害因素，按照“无毒取代低毒，低毒取代高毒”的原则选用有机溶剂。因工艺需要必须使用高毒原料时，采取强化局部密闭或通风排毒并净化处理等措施，实施特殊管理。

2）降低毒物浓度

首先，对能够产生有毒物质的作业，原则上应尽可能地实现密闭生产，避免有毒物质逸散到其他工作场所，最大限度地减少劳动者接触毒物的机会。其次，对产生有毒有害物质的工作场所，采用局部通风排毒系统，将毒物排出。要定期对通风排毒设施进行检修维护，确保设施设备始终处于正常运转状态。同时，加强对工作场所职业病危害因素定期或不定期的监测和检测，并安装报警装置，确保有毒有害物质浓度符合国家职业卫生标准要求。

3）工艺、建筑布局应符合职业卫生要求

生产布局要合理，符合有害与无害作业分开的原则。必须做到有毒作业岗位与无毒作业岗位有效隔离，以免有毒物质逸散，从而产生叠加影响。有害物质发生源应布置在下风侧。

4）加强职业卫生管理

用人单位应当通过严格的职业卫生管理，从严从细落实职业卫生管理制度，从而消除因职业卫生管理制度不健全、规章制度执行不严格、职业病防护设施设备维修不及时以及劳动者违章操作等造成的职业性化学中毒风险。

5）加强劳动者职业卫生培训

用人单位应当制订切实可行的职业卫生培训计划，加强对劳动者的职业卫生培训，特别要注意加强冬季职业病危害防护知识的培训。

6）加强劳动者的个体防护

用人单位必须为劳动者提供与劳动者所接触的职业病危害因素防护相适应的劳动防护用品，并保证所提供的劳动防护用品符合职业卫生标准要求。同时，劳动者也要加强个体防护，正确佩戴呼吸防护器、防护帽、防护眼镜、防护面罩、防护服和皮肤防护用品等。

（3）化学中毒事故应急处置措施

发生有毒物质泄漏事故后，现场人员应立即向有关部门报告；通知附近作业人员停止周围一切可能危及安全的动火、产生火花的作业，消除一切火源；通知附近无关人员迅速离开现场，严禁无关人员进入毒区等。进行现场救护的人员，应按照事故预案进行处置，遵守相关规定，不要盲目采取行动。

1）化学中毒事故应急处置注意事项

①参加救护的人员必须听从指挥，救护时必须分组有序进

行，不能慌乱。

②救护人员应戴好防毒面具或氧气呼吸器，穿好防毒服后，从上风向快速进入事故现场，迅速将伤员从上风向转移到空气新鲜的安全地方。

③救护人员在工作时，应注意检查个人危险化学品应急救援防护装备的使用情况，如发现异常或感到身体不适时要迅速离开泄漏污染区。

④假如有多名中毒或受伤的人员被送到救护点，应按照“先救命、后治病，先重后轻、先急后缓”的原则分类对伤员进行救护。

2）现场救护措施

在现场救护过程中，应当采取“一戴、二隔、三救出”的救护措施：

①“一戴”。救护人员应立即佩戴好输氧或送风式防毒面具，无条件时可佩戴防毒口罩，但需注意口罩型号要与毒物防护种类相符，腰间系好安全带，方可进入高浓度毒源区域进行救护。由于防毒口罩对毒气滤过率有限，故佩戴者不宜在毒源处活动时间过久，必要时可轮流或重复进入。毒区外人员应严密观察、监护，并拉好安全带的另一端，一旦发现危情迅速令其撤出或将其牵拉出。

②“二隔”。由救护人员携带送风式防毒面具或防毒口罩，并尽快将其戴在中毒者口鼻上，紧急情况下也可用便携式供氧装置（如氧气袋、瓶等）供其吸氧。此外，毒区内迅速通风或用鼓风机向中毒者方向送风也有明显效果。

③“三救出”。救护人员在“一戴、二隔”的基础上，快速地将中毒者移离出毒区，进一步做医疗急救。一般以两名施

救人员抢救一名中毒者为宜，可缩短急救时间。

38. 有限空间作业事故预防与应急处置

(1) 有限空间作业事故常见种类

1）中毒

有限空间内存在或积聚有毒气体，作业人员吸入后会引起化学性中毒，甚至死亡。有限空间中有毒气体可能的来源包括：有限空间内存储的有毒物质的挥发，有机物分解产生的有毒气体，进行焊接、涂装等作业时产生的有毒气体，相连或相近设备、管道中有毒物质的泄漏等。有毒气体主要通过呼吸道进入人体，再经血液循环，对人体的呼吸、神经、血液等系统及肝、肺、肾等内脏器官造成严重损伤。

2）缺氧窒息

空气中氧气的体积分数约为 20.9%，氧含量的合格范围应在 19.5%~23.5%，氧含量低于 19.5%时就会造成人体缺氧。缺氧会对人体多个系统及内脏器官造成影响，当氧含量低于 6%，40 秒内即可致人死亡。有限空间内缺氧主要有两种情形：一是由于生物的呼吸作用或物质的氧化作用，有限空间内的氧气被消耗导致缺氧；二是有限空间内存在二氧化碳、甲烷、氮气、氩气、水蒸气和六氟化硫等单纯性窒息气体，使空气中氧含量降低，造成缺氧。

3）燃爆

有限空间中积聚的甲烷、氢气等可燃性气体，以及铝粉、玉米淀粉、煤粉等可燃性粉尘可与空气混合形成爆炸性混合物，若浓度达到爆炸极限，遇明火、化学反应放热、撞击或摩擦火花、电气火花、静电火花等点火源时，就会发生燃爆事故。因此，有限空间内可燃气体浓度应低于爆炸下限的10%。

4）其他事故

有限空间内还可能存在淹溺、高处坠落、触电、物体打击、机械伤害、灼烫、坍塌、掩埋等事故。

（2）有限空间作业事故预防措施

1）配备符合要求的通风设备、个人防护用品、检测设备、照明设备、通信设备、应急救援设备。

2）应使用具有报警装置并经检定合格的检测设备对准入的有限空间进行检测评价，检测、采样方法按相关规范执行。检测顺序及项目应包括：

①测氧含量。正常时氧含量应为18%~22%，进入缺氧的有限空间作业应符合国家标准相关规定，短时间作业时必须采取机械通风。

②测爆。有限空间空气中可燃性气体浓度应低于爆炸下限的10%。对油轮船舶的拆修以及油箱、油罐的检修，空气中可燃性气体的浓度应低于爆炸下限的1%。

③测有毒气体。有毒气体的浓度，须低于国家标准相关规定的要求。如果高于此要求，应采取机械通风措施和个体防护措施。

3）当有限空间内存在可燃性气体和粉尘时，所使用的器具应达到防爆的要求。

4）当有害物质浓度大于IDLH浓度（立即威胁生命和健

康浓度)，或虽经通风但有毒气体浓度仍高于国家标准相关规定的要求，或缺氧时，应当按照《呼吸防护用品的选择、使用与维护》（GB/T 18664）的要求选择和佩戴呼吸防护用品。

5）所有准入人员、监护人员、作业负责人、应急救援服务人员须经培训并考核合格。

(3) 有限空间作业事故应急处置措施

1）现场应急指挥负责人和应急人员首先对事故情况进行初始评估。根据观察到的情况，初步分析事故的范围和扩展的潜在可能性。

2）使用检测仪器对有限空间内有毒、有害气体的浓度和氧气的含量进行检测，也可采用动物（如白鸽、白鼠、兔子等）试验方法或其他简易快速检测方法作辅助检测。根据测定结果采取加强通风换气等相应的措施，只有在有限空间的空气质量符合安全要求后方可作业。

3）抢险人员要穿戴好必要的个体防护装备（呼吸器、防护服、防护帽、防护手套、防护鞋、安全绳等），系好安全带，以防受到伤害。在有限空间内作业照明灯应使用 12 伏以下安全行灯，照明电源的导线要使用绝缘性能好的软导线。

4）发现有限空间有受伤人员，用安全带系好伤员两腿根部及上体妥善提升，使伤员脱离危险区域，同时要避免影响其呼吸或触及受伤部位。在抢险过程中，有限空间内抢险人员与外面监护人员应保持通信联络的畅通，并确定好联络信号。在抢险人员撤离前，监护人员不得离开监护岗位。救出伤员后，应立即对其进行现场急救，并及时将伤员转送医院。

第 8 章

农民工心理健康防护

39. 农民工心理健康表现

农民工的心理健康状况主要是指农民工在其工作的城市生活和工作时表现出的心理状态。农民工健康的心理状态表现为：

(1) 具有健全的人格，在异地生活和工作中不存在心理障碍，没有异常的行为表现。

(2) 积极主动地融入所处城市的生活，努力适应生活和工作环境。

(3) 对从事的工作抱有热情，认真完成每一份工作。

(4) 保持生活中与城市朋友、邻居等，工作中与同事、领导等人群建立良好和谐的人际交往关系。

(5) 有正确的生活和工作价值观，保持自己生活和工作的节奏，无极端嫉妒和自卑心理的产生。

40. 农民工常见心理健康问题

远离家乡来到城市，面对现实差距，农民工会产生一系列心理健康问题。农民工常见的心理健康问题主要有：

(1) 缺乏归属感和安全感

人的归属和安全需求是人的重要心理需求。当农民工远离家乡来到城市，现实与理想的差距让他们对生活和工作产生了不满，从而感到彷徨、迷茫、愤慨，这些情绪形成了他们复杂的心理状态。而这种状态使他们对城市产生了一种复杂的过客状态，严重地缺失归属感和安全感。

（2）容易产生自卑心理

由于城乡二元制度因素，大部分新生代农民工暂时无法办理城市户口，在生活、就业、医疗、子女教育等方面与城市居民之间似乎隔着一条不可逾越的鸿沟，这种经济上接纳、社会上排斥的态度又使他们在边缘徘徊，被排斥在当地“主流”社会以外，这无疑会深深地加重他们的自卑心理问题。

（3）焦虑、抑郁情绪

农民工群体在融入城市的过程中会遇到很大的阻力，他们的社会互动并不顺利，经常遭遇不公平的待遇。同时在务工期间其合法权益还屡屡遭到侵害，如工资拖欠、福利待遇差、劳动伤害、加班加点、子女教育受阻等一系列问题。这些问题会对农民工心理产生压抑、焦虑等一系列问题。

（4）不满、投机心理

农民工在面对理想和现实中的差距，以及生活中的种种不公平待遇时，内心会产生怨恨和不满。而当他们因为不公待遇产生不满情绪时，由于不擅长调整自己的心态，缺乏自我调节能力，会造成农民工与城市居民“族群对立”，个别可能因为不满情绪，以破坏公共设施、偷窃等方式来发泄。

（5）人际交往障碍

农民工群体一般难以融入当地“主流”社会，社会参与度不高，大部分时间都是在工作当中。另外，因为外出务工离开了自己的家庭和亲人，生活单调，却又缺少良好的社会支持系统，因此造成精神生活空虚，人际关系淡薄。

41. 农民工心理健康影响因素

(1) 农民工的相关政策依然不够完善

1）长期运行的城乡二元体制导致农民工在社保、子女教育、劳动环境等方面都与公务员或教师等事业单位工作人员差距很大，于是在此种环境下未能如愿的新生代农民工则更加容易产生敌对、偏执等心理。

2）农民工在城市依然无法全面享受和城市居民一样的社会保障制度和相应的社会福利，自然而然就在心理上产生落差，对心理健康造成影响。

3）社会发展变化的日新月异、供给需求的不断调整、财政经费相关投入的不足等问题也在一定程度上给监管部门带来了压力，常常是心有余而力不足，加上农民工这一群体本身的复杂性，导致监管部门“放任自流”，最终使他们未能享受到自己应有的权益。

(2) 社会对农民工的支持相对薄弱

1）部分城市居民依旧存有轻视劳动人民、蔑视农民工的思想，以一种城里人的优越感排斥外来的农民工，农民工因此会渐渐产生强烈的不满，这道无形的屏障将他们隔离在城市之外。

2）有些企业因过度追求精益管理模式，降低生产成本，忽视了农民工思想政治教育和技能培训问题，降低了农民工的安全感、归属感和荣誉感。

（3）农民工自身影响因素

1）农民工普遍存在思想道德水平低、情绪管理能力弱、心理素质较差、职业技能不足的特点。

2）部分农民工缺乏理想信念，当付出得不到应有的回报，当别人开始对自己指指点点，当无法与社区居民融为一体的时候，内心会开始动摇，产生悲观厌世情绪，放纵自己，自暴自弃，完全丧失了斗志和信念。

3）大部分农民工的技能水平还处于一个较低的层次，在现代社会中，很难通过现有的技能来找到理想的工作岗位，获得可观的收入，实现自身的价值和目标。

42. 农民工心理健康问题预防

关注农民工心理健康问题是整个社会的责任和义务，为了保障和提升农民工的心理健康水平，预防农民工心理健康问题，可以从以下几个方面入手：

（1）加强社会支持

1）社会应加强对农民工群体的关注，社会民众应平等看待农民工，不应对其抱有歧视心理，在他们困难之际应多施予援助。

2）政府相关部门应针对农民工制定专门的制度或政策，切实保障农民工的社会公共服务保障、社会福利等基本合法权益。

3）政府相关部门应对农民工的社会角色、社会地位予以一定的保护，平等看待农民工和城市居民。

（2）用人单位对农民工予以保护

1）用人单位应平等看待农民工的社会角色，对农民工的工作和生活应多加关照，切实保障农民工的薪资、福利等权益。

2）用人单位还应加强对农民工身心健康的关注，定期组织农民工参加体检、心理辅导、心理宣讲等活动。

3）用人单位应合理分配农民工的工作任务，不得歧视农民工，占用农民工的休息时间。

（3）农民工自身加强心理建设

1）农民工自身应始终保持积极乐观的精神，不妄自菲薄，不在乎别人的眼光和评论，认真完成自己的工作。

2）农民工应保持对自身能力的自我认知，不断学习新的知识和技能，提升自己的生活和工作技能，坚定理想信念，为生活而努力工作。

3）农民工应多进行运动和锻炼，增强自身体质，保持心情愉悦，积极参加心理健康相关活动，加强自身的心理建设。

（4）合理宣泄不良情绪

农民工在心态、情绪不太好时应采取合理健康的方式予以排解，多与他人沟通交流，维持和谐良好的人际关系。

第 9 章

职业健康危害防护

43. 粉尘危害防护

（1）综合防尘降尘技术方针

有关数据统计显示，近年来大中型工业企业的尘肺病发病率已明显下降，尘肺病的发病时间明显延长，尘肺病病人得到了相应的治疗和安置，生活质量有了明显的提高。《中华人民共和国尘肺病防治条例》发布之后，有关管理部门、科研单位和工业企业结合实际情况，逐步探索实施了粉尘防治管理制度改革和技术创新。例如，矿山推广湿式作业，在矿井实行全面机械通风，在扬尘点进行喷雾洒水；机械制造行业实行密闭作业和局部通风；铸造业中采用无硅或低含硅砂代替石英砂，应用水爆法开箱、密闭清砂；耐火材料厂将原料传送置于地下等技术措施。这些管理与技术上的创新与发展，都极大地降低了工业企业生产场所的粉尘浓度，有效地减少了尘肺病的发生。这些综合防尘措施和工程上的防尘技术经过总结提炼，形成了独具特色的防尘降尘“八字方针”，即“革、水、密、风、管、教、护、检”。

1）“革”

“革”即工艺改革。以低粉尘、无粉尘物料代替高粉尘物料，以不产尘设备、低产尘设备代替高产尘设备，这是减少或消除粉尘污染的根本措施。

2）“水”

“水”即湿式作业。湿式作业可以有效地防止粉尘飞扬。

3）“密”

“密”即密闭尘源。使用密闭的生产设备或者将敞口设备改成密闭设备，这是防止和减少粉尘外逸，治理作业场所空气污染的重要措施。

4）“风”

“风”即通风除尘。受生产条件限制，设备无法密闭或密闭后仍有粉尘外逸时，要采取通风措施，将产尘点的含尘气体直接抽走，以确保作业场所空气中的粉尘浓度符合国家标准限值。

5）“管”

“管”是指工业企业领导、作业场所负责人要重视防尘工作，防尘设施要改善，维护管理要加强，确保防尘除尘设备的良好、高效运行。

6）“教”

“教”是指加强防尘宣传教育，普及防尘知识，使接触粉尘的作业人员对粉尘危害有充分的了解和认识。

7）“护”

“护”是指加强劳动防护。受生产条件限制，在粉尘无法控制的高浓度粉尘条件下作业，必须合理、正确地使用防尘口罩、防尘服等劳动防护用品。

8）“检”

“检”又被称为“查”，即检查，主要是指加强职业健康检查，包括定期对接触粉尘的作业人员进行体检，检查对从事特殊作业的人员应发放岗位津贴情况，检查有职业禁忌证的人员不得从事接触粉尘作业的规定执行情况等。

(2) 工业企业防尘设计

1) 防尘技术标准规范

我国有系统化的粉尘防治法律法规制度体系，同时配套有更加全面具体的粉尘防治标准规范系统，另外还有各类有关防尘防毒技术及其设备的专业性国家标准。这些都是工业企业设计及预防性和经常性监督检查、监测粉尘危害的依据。

2) 工业企业防尘设计要求

工业企业在选择厂房位置时，应考虑自然条件对企业生产的影响以及企业和周边区域的相互影响，厂区总平面布置注意功能分区的划分，以满足基本卫生要求；在安排产尘工序位置时，要以防止或减少粉尘对其他工序生产环境污染为原则。

①厂址方面：要有良好的水文、地质、气象等自然条件，不应在居住区、学校、医院和其他人口密集的被保护区域内建设工厂；厂址应位于被保护对象全年最小频率风向的上风侧；在同一区域内有多个企业时，应避免彼此间的污染物产生交叉污染。

②厂区平面布置方面：产生粉尘的生产设施应布置在厂区全年最小频率风向的上风侧，且应选择地势开阔、通风条件良好的地段，并应避免采用封闭式或半封闭式的布置形式；产生粉尘的车间与产生毒物的车间应分开，并与其他车间及生活区之间设有一定的卫生防护绿化带。

③厂房平面结构方面：厂房的迎风面与夏季主导风向宜成60度至90度夹角，最小也不应小于45度；平面结构以“L”“冂”“凵”形为宜，开口部分应位于夏季主导风向的迎风面，而各翼的纵轴与主导风向成0度至45度夹角；在考虑风向的

同时，应尽量使厂房的纵向墙朝南北方向，以减少西晒。

④工艺布局方面：工艺设备和生产流程的布局应使主要工作地点和作业人员多的工段位于车间内通风良好、空气环境清洁的地方；一些作业人员多、工艺操作要求较高的工作场所一般应布置在夏季主导风向上风侧，而产尘较多、污染严重的工段应布置在夏季主导风向的下风侧，这样可以改善整个生产流程的空气环境，使劳动者免受粉尘的危害；在布置工艺设备和安排工艺流程时，应该为通风除尘系统的合理布置提供必要的条件。

44. 化学毒物危害防护

（1）管理控制

管理控制是指按照国家法律法规和标准建立起来的管理程序和措施，用以预防作业场所化学毒物危害的管理方法手段。管理控制的内容主要包括危害识别、安全标签、安全技术说明书、安全储存、安全传送、安全处理与使用、废弃物处理、接触监测、医学监督。

1）危害识别

识别化学毒物危害性的原则是要弄清所使用或正在生产的化学品种类，其引起伤害事故和职业病的机理，引起火灾、爆炸的原理与后果，溢出和泄漏后对环境的危害程度等。

对化学品进行危险性鉴别是生产单位的责任。生产单位必须对自己生产的化学品进行危险性鉴别，并进行标识，对生产的危险化学品加贴安全标签，并向用户提供安全技术说明书，确保有可能接触化学品的人员都能得到化学品危害性的信息，一旦发生事故能随时得到技术支持。

2）安全标签

所有盛装化学品的容器都要加贴安全标签，而且要经常检查，确保标签合格。贴安全标签的目的是向使用者警示此种化学品的危害性以及一旦发生事故应采取的救护措施。生产单位出厂的危险化学品，其包装上必须加贴标准的安全标签，出厂的非危险化学品也应有标识。当一种危险化学品需要从一个容器分装到其他容器时，必须在所有的分装容器上贴上安全标签。

3）安全技术说明书

安全技术说明书详细描述了化学品的燃爆特性、毒性和环境危害，给出了安全防护、急救措施、安全储运、泄漏应急处理等方面的信息，是了解化学品安全卫生信息的综合性资料。生产单位必须随产品向用户提供标准的安全技术说明书，采购、使用单位应主动向供应商索取安全技术说明书。

4）安全储存

为了加强对危险化学品储存的安全管理，危险化学品的储存场所、储存安排、储存限量、储存管理和具体做法等都必须符合国家标准要求。具体应遵守下列规定：

①禁忌物不能放在一起。如把酸和氰化物放在一起，一旦意外撒出混合则能产生致人中毒甚至死亡的氰化氢气体。

②不能将化学品放在易发生化学反应的环境中。

③储存容器必须完好，并按规定排列，不能有泄漏、生锈或损坏。

④要有适当的通风。易燃或有爆炸危险的化学品应存放于低温、通风好的地方，并远离火源。

⑤仓库应与厂房及生活区分开并远离饮用水水源。

⑥应配备自动火灾防护系统。

⑦应配备防火门、自动报警系统，使用防爆电气设备。

⑧避免静电起火，采用防静电措施。

⑨仓库的储存量不应过多，应限制在维持生产正常运行所必需的量。

5）安全传送

作业场所之间的化学品一般是通过管道、传送带或铲车、有轨道的小轮车、手推车传送的。用管道传送化学品时，必须保证阀门与法兰完好，整个管道系统无跑、冒、滴、漏现象。尽可能采用密封式传送带，以避免粉尘的扩散。如果化学品高速高压通过各种系统，必须避免产生热，否则将引起火灾或爆炸。用铲车传送化学品时，道路要足够宽，并有清楚的标志，以减少冲撞及溢出的可能性。

6）安全处理与使用

①作业场所要有防护措施，如通风、屏蔽等。

②使用者应具有化学品安全方面的专业知识，接受过专业培训。

③接触化学品的人员应能够看懂安全标签和安全技术说明书的内容，了解所接触的化学品的特性，选择适当的劳动防护用品，掌握事故应急方法和操作注意事项。

④使用易燃化学品时应控制好火源。

⑤要定期检查劳动防护用品和其他安全装置的完好性。

⑥确保应急装备处于完好、可使用状态。

7）废弃物处理

生产过程都会产生一定数量的废弃物，有害的废弃物处理不当不仅对劳动者的健康有害，还有可能发生火灾和爆炸，而且会造成环境污染。有害废弃物的处理要有操作规程，有关人员应接受适当的培训。所有的废弃物应装在特制的有标签的容器内，并运送到指定的地点进行废弃处理。

8）接触监测

车间有害物质（包括蒸气、粉尘和烟雾）浓度的监测是评价作业环境质量的重要手段，是用人单位职业安全健康管理的一个重要内容。接触监测要有明确的监测目标和对象，在实施过程中要拟定监测方案，结合现场实际和生产的特点，合理运用采样方法、方式，正确选择采样地点，掌握好采样的时机和周期，并采用最可靠的分析方法。对所得的监测结果要进行认真的分析研究，与国家标准中的接触限值进行比较，若发现问题，应及时采取措施，控制污染和危害源，减少其与劳动者的接触。

9）医学监督

医学监督包括健康检查、疾病登记和健康评定。定期的健康检查有助于发现劳动者在接触有害因素早期的健康改变和职业危害，通过对既往的疾病登记和定期的健康评定，可对有害因素接触者的健康状况做出评估。

（2）技术措施

通过采取适当的技术措施消除或降低工作场所的危害，可有效防止劳动者在正常作业时受到有害物质的侵害。主要技术措施包括替代、变更工艺、隔离、通风。

1）替代

控制、预防化学物质危害最理想的方法是不使用有毒有害和易燃易爆的化学物质，但这一点很难做到，通常的做法是选用无毒或低毒的化学物质替代有毒有害化学物质，选用相对难燃化学物质替代易燃化学物质。替代物较被替代物虽然更安全，但并不是绝对安全的，使用过程中仍需要重视安全。

2）变更工艺

虽然替代是控制化学物质危害的首选方案，但是目前可供选择的替代品往往是很有限的，特别是因技术和经济方面的原因，不可避免地要生产、使用有害化学物质。这时，可通过变更工艺或改造设备消除或降低化学物质危害。

3）隔离

隔离就是通过封闭、设置屏障等措施，避免劳动者直接暴露于有害环境中。最常用的隔离方法是将生产或使用的设备完全封闭起来，使劳动者在操作中不接触有害化学物质。封闭系统一定要认真检查，因为即使很小的泄漏量，也可能使工作场所有害物浓度超标，危及劳动者。

4）通风

通风是控制作业场所中有害气体、蒸气或粉尘的有效措施。借助于通风技术，使作业场所空气中的有害气体和蒸气的浓度低于标准规定的限值，是保障劳动者身体健康的主要技术措施，能有效防止中毒、火灾、爆炸事故的发生。

45. 物理因素危害防护

（1）高温预防措施

按照高温作业职业接触限值的要求，采取综合防暑降温措施是预防与控制高温所致疾病与热损伤的必要途径。

1）技术措施

①合理设计工艺流程。合理设计工艺流程，改进生产设备和操作方法是改善高温作业劳动条件的根本措施。

热源的布置应符合下列要求：

a）尽量布置在车间外面。

b）采用热压为主的自然通风时，尽量布置在天窗下面。

c）采用穿堂风为主的自然通风时，尽量布置在夏季主导风向的下风侧。

此外，温度高的成品和半成品应及时运出车间或堆放在下风侧。

②隔热。隔热是防止热辐射的重要措施，可以采用水和各种导热系数小的材料进行隔热。首先要对热源采取隔热措施，热源之间设置隔墙（板），使热空气沿着隔墙上升，经过天窗排出，以免热的气体扩散到整个车间。

③通风降温。根据实际情况选择通风方式。

2）卫生保健措施

①供给饮料和补充营养。高温作业劳动者应补充与出汗量相等的水分和盐分。一般每人每天所需饮水量为 3~5 升，盐

摄入量为20克左右。8小时工作日内出汗量超过4升时，除从食物中摄取盐外，需要通过饮料补充适量盐分。饮料的含盐量以0.15%~0.20%为宜，饮水方式以少量多次为宜。

高温作业劳动者膳食中的总热量应比普通劳动者高，最好能达到12 600~13 860千焦。蛋白质增加到总热量的14%~15%为宜。此外，还要注意补充维生素和钙等营养物质。

②对高温作业劳动者应进行就业前和入夏前体检。凡有心血管、呼吸、中枢神经、消化和内分泌等系统的器质性疾病、过敏性皮肤瘢痕患者、重病后恢复期及体弱者，均不宜从事高温作业。

3）个体防护

高温作业劳动者的工作服，应以耐热、导热系数小且透气性能好的织物为主。为了防止热辐射对健康的损害，可选穿白色帆布或铝箔制的工作服。此外，根据不同高温作业的需求，可供给劳动者工作帽、防护眼镜、面罩、手套、鞋盖、护腿等个人防护用品。特殊作业人员如炉衬热修、清理钢包等作业人员，需佩戴隔热面罩和穿着隔热、阻燃、通风的防护服，如喷涂金属（铜、银）的隔热面罩、铝膜隔热服等。

4）组织措施

要加强管理，严格遵守高温作业职业卫生标准和有关规定，做好防暑降温工作。必要时可根据工作场所的气候特点，适当调整夏季高温作业的劳动和休息制度。

（2）低温预防措施

1）做好防寒保暖工作

按规定提供采暖设备，使作业场所保持合适的温度。

2）注意个人防护

环境温度低于-1 ℃，尚未出现中心体温过低时，表浅或深部组织即可冻伤，因此手、足和头部的防寒很重要。防护服要具有导热系数低、吸湿和透气性强的特性。在潮湿环境下工作，应提供橡胶工作服、围裙、长靴等个人防护用品。

3）增强耐寒体质

人体皮肤在长期和反复寒冷作用下，会使表皮增厚，御寒能力增强。经常冷水浴、冷水擦身或较短时间的寒冷刺激结合体育锻炼，均可提高人体对低温环境的适应能力。此外，应适当增加富含脂肪、蛋白质和维生素的饮食。

（3）异常气压预防措施

1）高气压预防措施

①技术革新。建桥墩时，可采用管柱钻孔法代替沉箱作业，使劳动者可在水面上工作而不必进入高气压环境。

②遵守安全操作规程。暴露在高气压环境下，须遵照安全减压时间表，逐步返回到正常气压状态，目前多采用阶段减压法。

③卫生保健措施。工作前要注意防止过度劳累，严禁饮酒，加强营养。对高气压作业人员建议多食用高热量、高蛋白的食物，适当增加维生素的摄入量，如维生素 E 可有效抑制血小板的凝集作用。工作时注意防寒保暖，工作结束后宜饮用热饮料、洗热水澡等。

做好就业前的体检工作，特别是肩、髋、膝关节及肱骨、股骨和胫骨的 X 线检查，合格者才可从事相关工作；就业后每年应做 1 次体检，并持续到停止高气压作业后的 3 年为止。

④职业禁忌证：患神经、精神、循环、呼吸、泌尿、运动、内分泌、消化等系统的器质性疾病和明显的功能性疾病者；患眼、耳、鼻、喉及前庭器官的器质性疾病者；年龄超过 50 岁、患各种传染病且未愈者；过敏体质者等不宜从事接触高气压的工作。

2）低气压预防措施

①控制登高速度与高度。逐渐、缓慢地步行登山，发生急性高原病的概率相对较低。因此，由平原进入高山地区时，应坚持阶梯式升高的原则，逐步适应，为防止或减少高原病的发生，以每日平均登高小于 1 000 米为宜。目前研究认为，5 000 米高度是人体进行正常生活和工作的安全限度。

②适应性锻炼。高原适应的速度和程度，可以通过适应性锻炼得到逐步提高。例如先在海拔相对较低的高原地带进行一定的体力锻炼，来增强人体对缺氧的耐受能力。对初入高原者，应适当减少体力劳动，以后视适应的具体情况，再逐渐增加劳动量。

③保健措施。低气压环境工作的劳动者饮食中应含有足够的热量和合理的营养，如供给多种维生素、高蛋白质、中等脂肪及适当的碳水化合物等。应注意保暖，预防急性呼吸道感染等。

④健康检查。进入高原地区的人员需要进行体检，凡患有明显的心、肺、肝、肾等疾病，以及高血压Ⅱ期、严重贫血者，均不宜进入高原地区。

（4）噪声预防措施

1）控制噪声源

根据具体情况采取技术措施，控制或消除噪声源，是从根本上解决噪声危害的一种方法。可采用无声或低噪声设备代替发出强噪声的设备，如用无声液压代替高噪声的锻压，以焊接代替铆接等，均可取得较好的效果。在生产工艺过程允许的情况下，可将噪声源如电机或空气压缩机等移至车间外或更远的地方，否则需采取隔声措施。此外，设法提高机器制造的精度，尽量减少机器零部件的撞击和摩擦，减少机器的振动，也可以明显降低噪声强度。在进行工作场所设计时，合理配置声源，将噪声强度不同的机器分开放置，有利于减少噪声危害。

2）控制噪声的传播

噪声传播过程中，使用吸声和消声技术，能获得较好效果。采用吸声材料装饰在车间内表面如墙壁或屋顶，或在工作场所内悬挂吸声体，可吸收辐射和反射的声能，使噪声强度减低。具有较好吸声效果的材料有玻璃棉、矿渣棉、棉絮或其他纤维材料。在某些特殊情况下，为了获得较好的吸声效果，需要使用吸声尖劈。消声是降低动力性噪声的主要措施，用于风道和排气管，常用的有阻性消声器、抗性消声器等。

还可以利用一定的材料和装置，将声源或需要安静的场所封闭在一个较小的空间中，使其与周围环境隔绝，如隔声室、隔声罩等。在建筑施工中在机器或振动体的基底部与地板、墙壁连接处设隔振或减振装置，也可以起到降低噪声的效果。

3）制定职业接触限值

尽管噪声对人体产生不良影响，但在生产中要想将其完全消除，既不经济也不可能。因此，制定合理的职业卫生标准，将噪声强度限制在一定范围内，是防止噪声危害的主要措施之一。

噪声职业接触限值为每周工作5天，每天工作8小时，稳态噪声限值为85分贝，非稳态噪声等效声级的限值为85分贝；每周工作日不足5天，需计算40小时等效声级，限值为85分贝。

4）个体防护

当工作场所的噪声强度暂时不能得到有效控制，且需要在高噪声环境下工作时，佩戴个人防护用品是保护听觉系统的一项有效的防护措施。最常用的个人防护用品是耳塞，一般由橡胶或软塑料等材料制成，隔声效果在20分贝左右。此外，还有耳罩、帽盔等，某些特殊环境下工作，可将耳塞和耳罩合用，以充分保护劳动者免受噪声危害。

5）健康监护

应定期对接触噪声的劳动者进行健康检查，特别是听力检查，观察听力变化情况，以便早期发现听力损伤，及时采取有效的防护措施。从事噪声作业劳动者应进行就业前检查，取得听力的基础资料，凡有听觉系统疾患、中枢神经系统和心血管系统器质性疾患或自主神经功能失调者，不宜从事噪声作业。

噪声作业劳动者应定期进行健康体检，发现有高频听力下降者，应及时采取适当的防护措施。对于听力明显下降者，应尽早调离噪声作业环境并进行定期检查。

6）合理安排劳动和休息

从事接触噪声作业的劳动者可适当安排工间休息，休息时应脱离噪声环境，使听觉疲劳得以恢复。应经常检测工作场所的噪声强度，监督检查预防措施的执行情况及效果。

(5) 振动预防措施

1) 控制振动源

改革生产工艺过程，采取技术革新，通过减振、隔振等措施，减轻或消除振动源的振动，是预防振动职业危害的根本措施。例如，采用减压、焊接、黏接等新工艺代替风动工具铆接工艺；采用水力清砂、水爆清砂、化学清砂等工艺代替风铲清砂；设计自动或半自动操纵装置，减少手部和肢体直接接触振动的机会；工具的金属部件改用塑料或橡胶，可减少因撞击而产生的振动；采用减振材料降低交通工具、作业平台等大型设备的振动。

2) 限制作业时间和振动强度

振动职业卫生标准是进行卫生监督的依据。研制和实施振动作业的职业卫生标准，限制接触振动的强度和时间，可有效地保护劳动者的健康，是预防振动危害的重要措施。

3) 改善作业环境

加强作业过程或作业环境中的防寒、保暖措施，特别是在北方寒冷季节的室外作业，需要穿戴防寒和保暖衣物。振动工具的手柄温度如能保持在 40 ℃，对预防振动性白指的发生具有较好的效果。控制作业环境中的噪声、毒物和气湿等因素，对预防振动危害有一定作用。

4) 个人防护

合理配置和使用个人防护用品，如防振手套、减振座椅等，可以减轻振动的危害。

5) 加强健康监护和日常卫生保健

依法对振动作业劳动者进行就业前和定期健康检查，实施三级预防，早期发现、及时处理患病个体；加强健康管理和宣传教育，提高劳动者健康意识；定期监测振动工具的振动强度，结合职业卫生标准，合理安排作业时间。长期从事振动作业的劳动者，尤其是手臂振动病患者应加强日常卫生保健，日常生活应有规律，坚持适度的体育锻炼。

（6）非电离辐射预防措施

1）红外辐射预防措施

反射性铝制遮盖物和铝箔衣服可减少红外线的暴露量及降低熔炼工、热金属操作工的热负荷，严禁裸眼观看强光源，操作时应佩戴能有效过滤红外线的防护眼镜。

2）紫外辐射预防措施

紫外辐射预防以屏蔽以及增加作业点与辐射源的距离为原则。

电焊工及其辅助工种必须佩戴专业的防护面罩、防护眼镜、防护服和手套。电焊工操作时应使用移动屏障围住操作区，以免其他工种劳动者受到紫外线照射；非电焊工禁止进入操作区，严禁裸眼观看电焊。电焊时产生的有害气体和烟尘，应采用局部排风加以排除。接触低强度紫外辐射源，如低压水银灯、太阳灯、黑光灯等，可佩戴专业护目镜来保护眼睛。

3）微波辐射预防措施

微波辐射预防的基本原则是屏蔽辐射源、加大作业点与辐射源的距离、合理地进行个人防护，具体措施如下：

①在调试高功率微波设备（如雷达）的参数时，可使用等效天线，以减少对劳动者不必要的辐射。

②采用微波吸收或反射材料屏蔽辐射源。

③使用防护眼镜和防护服等个人防护用品。

4）激光辐射预防措施

对激光辐射预防措施包括安全教育和安全措施、激光器防护、工作环境和个人防护用品四个方面，具体内容如下：

①安全教育和安全措施。所有从事激光作业的劳动者，必须先接受激光危害及安全防护的教育。工作场所应制定安全操作规程、明确操作区和危险带。工作场所要有醒目的警告牌，提醒无关人员禁止入内，严禁裸眼观看激光束。劳动者就业前、在岗期间应做好健康检查。

②激光器防护。凡激光束可能泄漏的部位，应设置防激光封闭罩，必须安装激光开启与光束停止的联锁装置。

③工作环境。工作室围护结构应用吸光材料制成，色调宜暗。工作区采光宜充足，室内不得有反射、折射光束的用具和物件。

④个人防护用品。防护服的颜色宜略深以减少反光。防护眼镜在使用前必须经专业人员鉴定，并定期测试。

46. 放射性因素危害防护

电离辐射危害防护措施主要包括外照射防护、内照射防护、健康监护和监督管理。

（1）外照射防护

外照射防护的主要作用是减少和消除外源性照射对人体的影响，防护措施主要包括屏蔽防护、距离防护和时间防护。

1）屏蔽防护

原子序数大的物质对辐射线具有较强的吸收能力。选择和使用有效屏蔽设施，在人与放射源之间设置防护屏障，如利用铅、钢筋水泥等对辐射线的吸收作用，可降低照射到人体的电离辐射剂量，达到保护人体健康的目的。

2）距离防护

某位点的辐射剂量或剂量率与放射源的距离平方成反比，距放射源越远，辐射剂量率越小。通过对辐射场所的分区（控制区、监督区）进行分级管理，设置和增加距离的方式，可尽可能减小对距离外受照射人员的辐射损伤。

3）时间防护

辐射损伤的程度与接触时间有关，接触时间越长，损害越严重。因此，应尽可能减少作业或接触时间，以减少受照剂量、减轻放射性损伤程度。

（2）内照射防护

内照射防护的主要作用是防止放射性物质经各种途径进入人体，同时有效控制放射性物质向空气、水体、土壤逸散，相关防护措施主要涉及工程技术措施、个人防护措施和管理措施。应创造良好的环境控制措施，尽可能降低辐射环境中可能形成内照射的放射性物质水平，再通过个人防护措施进一步减少经不同途径进入人体的放射性物质剂量。

1）呼吸道防护

通风并收集、净化处理可能形成内照射的放射性物质，降低其在环境中的存在水平；按实际需要规范配备、使用、管理呼吸防护用品，保证其防护效果，最大限度地降低经呼吸道进入人体的放射性物质水平。

2）消化道防护

防止放射性物质污染食物、水源、大气。禁止在工作区饮食、吸烟；禁止放射性物质沾染物件、污染饮食环境；从事放射性工作的人员应使用呼吸防护用品。

3）皮肤防护

规范使用工作服、防护帽、面罩、手套、鞋袜等个体防护用品；工作结束时，进行污染检测，避免皮肤污染和形成内照射。

(3) 健康监护

按照国家相关标准，定期规范劳动者的职业健康检查，分析、评价劳动者健康状况，建立职业健康监护档案并进行规范管理，为分析、评价和改善劳动者健康状况创造条件。

(4) 监督管理

严格按照有关法律、法规、规范、标准等，对涉及放射性作业的物料、机构、人员、设备、环境等进行规范管理，并不断提高监督管理水平，严格控制涉及放射性危害的各环节，预防放射性职业病的发生。

47. 生物因素危害防护

(1) 炭疽芽孢杆菌危害防护

1) 发现病畜及时宰杀销毁，应采用焚烧或深埋的方法，不可解剖，对病畜的污染物及排泄物要彻底消毒。

2) 皮毛要严格检疫和消毒，采用环氧乙烷气体消毒效果较好。

3) 加强劳动保护，定期体检。饭后用2%~3%来苏尔溶液洗手，1%高锰酸钾溶液漱口，人体暴露部位如有伤口，应暂时脱离接触原料毛皮。

4) 隔离炭疽患者，直至其痊愈并且实验室检查正常。

(2) 布鲁氏菌危害防护

1) 给疫区牲畜进行预接种，每年1次，连续3~5年，发现病畜及时宰杀，病畜肉要进行高温处理。

2) 疫区内从事屠宰、皮毛加工人员及兽医要加强防护，要穿戴防护衣帽、口罩及乳胶手套等。

3) 疫区有关人员应接种减毒活菌苗，每年1次。

(3) 森林脑炎病毒危害防护

1) 加强防蜱灭蜱。

2) 在林区工作时穿“五紧”（即扎紧两袖口、一领口和两裤脚口）防护服及高筒靴，头戴防虫罩；衣帽可浸邻苯二甲酸二甲酯，每套200克，有效期10天。

3）病人衣服应进行消毒灭蜱。

4）疫苗接种。每年3月前注射森林脑炎病毒疫苗，第一次2毫升，第二次3毫升，间隔7~10天，以后每年注射1次加强针。

48. 其他因素危害及其防护

其他职业病危害因素共三种，分别是金属烟、井下不良作业条件、刮研作业，导致的职业病有金属烟热，井下作业所致滑囊炎（限于井下工人），股静脉血栓综合征、股动脉闭塞症或淋巴管闭塞症（限于刮研作业人员）。

金属烟热为急性职业病，由吸入金属屑加热过程释放出的大量新生成的金属屑氧化物粒子所引起，临床表现为流感样发热，有发冷、发热以及呼吸系统症状，以典型性体温升高和白细胞数量增多等为主要症状的全身性疾病。

滑囊炎是指井下工人在特殊的劳动条件下，致使滑囊急性外伤或长期摩擦、受压等机械因素所引起的无菌性炎症改变。

刮研作业是利用刮刀、基准表面、测量工具和显示剂，以手工操作的方式，边测量、边刮研加工，使工件达到工艺规定的尺寸、几何形状、表面粗糙度和密合性等要求的一道精加工工序。手工刮研作业人员由于长时间受局部压迫易引起股静脉血栓综合征、股动脉闭塞症或淋巴管闭塞症。